大都會文化
METROPOLITAN CULTURE

大都會文化
METROPOLITAN CULTURE

骨牌效應

成功與
失敗的距離
0.01mm

目錄

CONTENTS

CONTENTS

第一章

制訂計畫，堅決執行

在職場當中，有很多人都是冒冒失失的去做事。「冒失」是一種輕率的表現，是指對任何事情都不經過深思熟慮，只憑一時的衝動而匆忙作出決定，這種匆忙把事情做完的人，事後通常要花更多的時間去彌補錯誤。因此要想做好每一件事，事前最好應該先制定好計畫，有計劃、有目的的堅決執行起來，才能更順利地獲得成功。

明白你是誰，該做什麼

「這世界沒有失敗，只有暫時停止成功。」

——成功學勵志大師，安東尼．羅賓

每個人都有屬於自己的長處

果園裡有一顆李子，它看見人們很喜歡旁邊蘋果樹上的蘋果，就為自己是個李子而感到沮喪，它很希望人們能喜歡自己，於是努力想長成蘋果的樣子。

過了一陣子，它就長得既不像李子又不像蘋果，人們路過時總會很奇怪地說：「這是什麼東西，長得這麼難看。」聽到這話，李子難過極了。這時另一個李子對它說：「你本來就是個李子，而且你是我們當中最漂亮的一個。現在倒好了，你努力想讓自己變成一個二等的蘋果，而放棄做一個上等的李子。」李子聽後很慚愧，於是放棄了做蘋果的念頭，努力地長回自己原來的樣子。

一九五二年，愛因斯坦曾收到以色列政府的一封信，信中，以色列政府懇請愛因斯坦擔任以色列總統。愛因斯坦是猶太人，若能當上以色列總統，在一般人看來，自是榮幸之至，出乎意料的是，愛因斯坦竟然拒絕了。他說：「關於自然，我瞭解一點；關於人，我幾乎一點也不瞭解。我只會做一個科學家，不懂如何做一個總統。」

愛因斯坦是明智的，因為他知道自己的長處是什麼，也知道自己的短處是什麼，他知道什麼事情更適合自己去做，更重要的是他選擇了做最好的自己。或許在別人的眼裡，能夠成為總統是無上的榮耀，但這並不是愛因斯坦的目標和志向，自然他也無法在這樣的領域內獲得成就，很可能會導致自己成天忙忙碌碌卻得不到認可。

「天生我材必有用」，每個人的優勢和劣勢都不盡相同，我們所要做的不是複製他人的目標，而是要做最好的自己。一個人不需要成為「最好的人」，只需要成為「最好的自己」。

找到適合自己的位置

追求高品質、高品味的生活，向更高的目標努力，這是每個人的渴望，也是每個人所追求的目標。但是，在追求的同時，別忘了看一看自己正在苦苦追求的目標，是否真的適合自己。

生活中這樣的情況並不在少數。許多人在頭腦裡都缺乏對自己的正確認識與思考，沒有認真思考一下設定的目標是否適合自己，只是習慣性地盲目跟從，結果，就產生了各種一窩蜂的現象：考證熱、考研熱、出國打工熱……但在追逐這些熱點目標的忙碌人群中，真正認識自己的人又有多少呢？

在現代這樣一個多元化社會中，存在的不穩定因素實在太多：各個行業中，企業的職業劃分越來越細，不同行業和職業的發展也必然存在不平衡之處，然而按照經濟發展的規律，最終這些行業和職業，大體上都會趨向於風險和利益的平衡。那麼作為行走於企業當中最基本的執行者——企業員工，只有看清形勢並且結合自身的實踐，根據實際情況確立最適合自己的目標，才能使自己的努力獲得最大的回報，最終實現自己的人生目標。

確定自己的方向

在專業化程度越來越高的現代社會，工作對個人的知識和經驗不斷提出了更高、更廣、更深的要求。一個做事總是搖擺不定、變來變去的人，只會將自己長時間積累的職業經驗和資源都浪費掉，無法強化自己的專業知識，無法形成自己的核心能力，也就無法超越他人，這樣的人在社會上是沒有立足之地的。

有句諺語叫做「滾石不生苔」，是指不在一個地方穩定下來而一直四處打轉的話，就不會得到現實的收穫。這裡的「苔」指的是經驗、資產、技巧、信用等。美國著名半導體公司德州儀器公司的口號是：「寫出兩個以上的目標就等於沒有目標。」這句話不僅適用於公司經營，而且適用於每一個人的生活和工作。

選擇合適的目標

職場中，有策略的職場一族，總會將眼光瞄準在高薪的行業，並從中挑選比較看好的企業作為自己的終極目標。但要如何找到屬於自己的位置呢，你首先要清楚自己到底適合做什麼，記得，最合適自己的才是最好的目標。

陳安之是當今國際上，繼戴爾・卡內基、拿破崙・希爾、安東尼・羅賓之後的第四代成功學勵志大師，也是世界華人中唯一一位世界級成功學勵志大師。追尋陳安之所走過的足跡，就會發現找到自己的位置雖然不容易，但是只要「入對行」，那麼回報就是迅速而巨大的。

陳安之十幾歲就負笈美國，他雖然有強烈的成功渴望，但身體中蘊涵的力量卻找不到合適的爆發點。他嘗試過許多不同的職業，他做過服務生、賣過淨水器、推銷過汽車及美容保養品，也從事過物流、郵購等工作，但這些都不能帶給他想要的一切。直到二十一歲遇到他的啟蒙老師安東尼・羅賓之前，陳安之幾乎是一事無成。但安東尼・羅賓的兩句話重新點燃了他想成功的欲望。這兩句話是：「這世界沒有失敗，只有暫時停止成功。」、「過去不等於未來。」至此，陳安之決定追隨安東尼，投身到該公司的推銷和課程推廣中。在這個行業中陳安之如魚得水，他在二十五歲時成立了陳安之研究訓練機構，寫了多本暢銷書，短短兩年半的時間，陳安之就從一個「迷途羔羊」變身成為億萬富翁，獲得了個人職業生涯的巨大成功。

陳安之的成功就在於他牢牢地掌握了選擇的力量，在反覆的嘗試和失敗中找到了適合自己的位置。他充滿激情地投入這個行業，平均每年閱讀三百至五百本書籍，並拜訪過一百位以上世界各行各業的頂尖成功人士，終於建立了自己的成功學體系，邁向了金字塔的頂端。

連續十二年保持全世界推銷汽車的最高紀錄，被載入吉斯尼世界紀錄大全「全世界最偉大的推銷員」──喬．吉拉德，他也同樣認為，事業成功的最好方法就是投身聰明、有智慧的工作。

無論是陳安之還是吉拉德，他們之所以能夠在短時間內獲得成功，其共同的秘訣就是不在沒有增長力、見效慢的行業中蹉跎青春。比爾．蓋茲能成為世界首富，正是因為他抓住了電腦迅猛發展的主潮。

所以，入行一定要謹慎，要找到適合自己並且有高附加價值的行業，才能有前途。選擇合適專業的職業應當考慮到自己的興趣，但不要過於遷就自己的偏好，人畢竟是要在社會上生存的，必要的妥協是明智的做法。在選定職業前做充分的準備，知道哪些行業更有發展前景，從中選擇自己喜歡的、做得最好的企業，然後投身於內，你就會比那些沒有計劃、誤打誤撞的人更有優勢。

認識自己的能力是自知之明，但要找到屬於自己的職業，有一部分還是要靠興趣。只有把自己的興趣和工作深深地結合在一起，才可能使你走上成功的職業生涯。

警惕自己，切勿偏離目標

作為一名出色的員工，他的首要任務就是：確保做正確的事情，其次才是督促自己把事情做正確。

有一家大規模的資訊科技公司，在年中時發現其中一間分公司已經達到了全年的營業額目標，但到年末的時候才發現，這間分公司有超過一半以上的營業額不是來自於銷售總公司給它的產品，而是分公司發現一些客戶有特別需求，就組織了一幫職員給客戶量身訂做軟體而來的。

從營業額的角度講，它是完成任務了。但實際上，它沒有完成總公司制定的目標，作為分公司，它最核心的目標是銷售工作，這是總公司戰略佈局當中的一個組成部分，偏離目標是最可怕的，表面上完成計畫並不等於沒有偏離目標。最後公司總經理在年終總結的時候說：「在我的戰略棋盤上，你這個分公司沒有意義，你賺再多錢有什麼用，公司今年的新產品想在這塊市場銷售，你沒有打開市場局面，沒有做正確的事情。」

在工作中，找對方向是一種智慧，也是一種責任。因為在一定時期內，一個人、一個企業的目標是統一的，資源和能量是有限的，如果你的工作偏離了企業制定的目標，偏離了團隊的要求，你的工作對團隊將沒有任何意義。而且你又佔用了公司的資源，這時你的工作將會給公司帶來雙重的損失。

不值得做的事，常常會給你建造出一棟華麗的空中樓閣，讓你誤以為自己完成了某些事情。你消耗了大量時間與精力，得到的可能僅僅是一絲自我安慰和虛幻的滿足感。當夢醒後，你會發現該做的事一件都沒有做，而自己卻已疲憊不堪。不值得做的事還會浪費自己的生命，因為你在這件事情上付出的越多，代價就會越大。

【智慧語錄】

「年輕人事業失敗的一個根本原因，就是精力太分散。」戴爾．卡內基在分析了眾多個人事業失敗的案例後得出這樣的結論。事實的確如此，許多生活中的失敗者幾乎都在多個行業中艱苦地奮鬥過。然而如果他們的努力能集中在一個方向上，就足以使他們獲得巨大的成功。無論是在生活還是在工作當中，首先要認識自己，明確自己的優缺點，明確自己該做什麼，才能少走彎路，早日成功。

制定清晰的目標

「一個人沒有目標，就會不思進取，進而也無法成功。給自己樹立一個目標，然後向著目標前進，這就是成功的秘訣。」

——日本「經營之神」，松下幸之助

擁有目標，才能前進

從十六歲開始，夢想賺大錢的蜜雪兒就嘗試做過餐飲業、服裝業、保健品業、美容業，遺憾的是每個行業她都沒有做成功。於是，她開始到處去尋求成功之道，但是每一個人對成功的定義都不一樣，到底什麼才是真正的成功呢？

經過多年的摸索，她終於明白：成功就是一定要有核心目標。在她二十歲以前，實現目標的概率幾乎是零。因為所有的書都告訴她：每一個人設定目標一定要多方面，每一個大大小小的目標都要設定出來，可是這些目標一個都沒有實現。直到二十一歲那一年，她終於明白，那就是你可以有很多目標，但是你一定要有一個核心目標。一旦你設立出這個核心目標，就要全力以赴朝這個目標去做。只有一旦實現這個目標，其他的目標才會幾乎跟著實現。這就是設立核心目標的好處。

很多人一生都在做事情，而能夠成功的人，一生都在做事業，做事業的開始有可能沒有回報，甚至是虧本，但是當他真正地把事業做完善的時候，獲得的回報可能是一個世界。很多人想改變的只是生活，而能夠成功的人，想改變的是命運。做事業的人不會因為手裡有了錢而沾沾自喜，他們反倒變得心事重重起來，因為他們的核心目標是做出一番大事業。能夠成功的人，永遠清醒地知道自己在做什麼，自己該準備做什麼，而很多人卻不知道自己到底是為了什麼而活著。

有些人的等待是為了尋找一鳴驚人的機會，就像獵人等待獵物的出現一樣，在等待的過程中是集中注意力的，是不停地進行分析和思考的。而有些人的等待則是非常盲目且不知所措地度日如年，不斷地在消耗自己的生命。他也知道自己在等待機會，但卻不知道自己在等待什麼樣的機會，請記住：有什麼樣的核心目標，就會有什麼樣的人生。

制定好目標，忙碌不再盲目

哈佛大學的愛德華．班菲德博士研究了美國社會進步動力後發現，那些成功的人往往都是有長期時間觀念的人。他們在做每天、每週、每月活動計畫時，都會用長期的時間觀點去考量。同時，班菲德博士發現那些失敗的人都只有短期的觀念，他們幾乎不做長期計畫，他們更關心眼前的利益而非未來的成功與成就，看重短期的歡樂而非長期的經濟保障及成功。因為這樣的態度，他們選擇了短期計畫，而導致長期的困苦生涯。

為了讓我們的忙碌不再盲目，不妨為自己的目標擬張計劃表，將實現目標所需要的時間、精力和資源都列出來，明確實現目標前必須經過的步驟，將對實現目標無益的要素去除，為那些有必要完成的步驟安排先後順序，為自己規劃一條實現目標的最佳路線。

制定好目標，工作有條不紊

羅斯福總統是一個注重計畫的人，他時時刻刻都把自己該做的事都記下來，然後擬訂一個計劃表，規定自己在某時間內做某事。

從他的辦公行程表可以看出，從上午九點鐘與夫人在白宮草地上散步起，至晚上招待客人吃飯為止，整整一天他都是有事做的，到了該睡覺的時候，因為該做的事都做了，所以他能完全丟棄心中的一切憂慮和思考，放心地去睡覺。

細心計劃自己的工作，這是羅斯福之所以辦事有效的秘訣。而按計劃適時執行，就是羅斯福執行力的體現。每當一項工作來臨時，他便先計畫需要多少時間，然後安插在他的行程表裡，所以他每天能夠把許多事在預定的時間之內做完。

有了計畫，工作就變得充滿意義，所有的一切都清晰、明瞭地擺在你的面前。什麼是應該去做的、什麼是不應該去做的、而你又是為了什麼而做，所有的要素都是那麼明顯而清晰。那些毫無計畫地工作的人，總是想著：「我必須工作、我必須工作、我必須工作……」這樣反而會感到工作過度而且吃力，真正的原因並不是工作太多，而是在於沒有計劃跟沒有系統。沒有計劃，你很可能被一些不在計畫之內的事纏身，該做的事就做不完。如果你每天都有計劃，那麼你在每個時間點內，就都會知道要做什麼事，而不會渾渾噩噩、虛度光陰。

做事有備才能無患，與熟悉的人交流需要準備，與陌生人交流更應該準備，只有在事先儘量準備周密，才能在與對方交流的時候多幾分勝算。

做好靜心安排，才能獲得成功

有一次，拿破崙．希爾應邀向俄亥俄監獄的服刑人員發表演說，他一站上講臺，就看到眼前的服刑人員中有一位是他在十年前就已認識的約翰，從前他曾是一位成功的商人。

希爾演講完後，與約翰見了面談了一會兒，瞭解到他因為偽造文書而被判二十年有期徒刑，聽完他的遭遇之後，希爾說：「我要在六十天之內，使你離開這裡。」

約翰搖了搖頭，臉上露出苦笑，回答說：「我很佩服你的精神，但對你的判斷力卻深感懷疑。你可知道，至少已有二十位具有影響力的人士，曾經運用他們所知的各種方法，想使我獲得釋放，但一直沒有成功，這是辦不到的事！」

或許就是因為他最後的那句話──「這是辦不到的事」，向希爾提出了挑戰，他決定向約翰證明，他一定可以辦得到。

希爾回到紐約，請他的妻子收拾好行李，準備在哥倫布市——俄亥俄州立監獄所在地，停留一段時間。

希爾的腦海中有一個「明確的目標」，這個目標就是要把約翰弄出俄亥俄州監獄，並仔細地做了考慮，制定了詳細的計畫。他和妻子來到哥倫布市。

第二天，希爾前去拜訪俄亥俄州州長，向他表明了此行的目的。希爾是這樣說的：「州長先生，我這次是來請求你下令把約翰從俄亥俄州立監獄中釋放出來。我有充分的理由請求你釋放他。我希望你立刻給他自由，而且我準備留在這裡，等待他獲得釋放，不管要等待多久。在服刑的期間，約翰已經在俄亥俄州立監獄中推出一套函授課程，你當然也知道這件事，他已經影響了俄亥俄州監獄中二千五百一十八名囚犯中的一千七百二十八人，他們都參加了這個函授課程，而他也已經設法獲得足夠的教科書及課程資料，從而使得這些囚犯能夠跟得上功課。更難得的是，他這樣做並未花費州政府的一分錢。監獄的典獄長及管理員告訴我說，他一直很小心地遵守監獄的規定。當然了，一個能夠影響一千七百多名囚犯努力學習的人，絕對不會是個壞人。我來此請求你釋放約翰，因為我希望你能指派他擔任一所監獄學校的校長，這將使得美國其餘監獄的十六萬名囚犯獲得學習向善的良好機會。我準備擔負起他出獄後的全部責任。以上就是我的要求，但是，在您給我回答之前，我希望您知道，我並不是不明白，如果您將他釋放之後，您的政敵可能會借此機會批評您。事實上，如果您將他釋放，而且您又決定競選連任的話，這可能會您失去很多選票。」

俄亥俄州州長維克・杜納海聽完後，緊握了拳頭，寬廣的下巴顯示出堅定的毅力，他說：「如果這些就是你對約翰的請求，我將把他釋放，即使這樣做會使我損失五千張選票，也在所不惜。」

這次說服工作就如此輕易地完成了，而且整個過程費時竟然不超過五分鐘。三天以後，州長簽署了赦免特狀，約翰走出了監獄的大鐵門，他再度恢復了自由之身。

我們可以看到，希爾之所以能夠成功地說服州長，與他的周密考慮和精心安排是分不開的。希爾事先瞭解到，約翰在獄中的行為良好，為一千七百多名囚犯提供了良好的服務。當他創辦了世界上第一所監獄函授學校時，他同時也為自己打造了一把打開盜獄大門的鑰匙。人生的計畫是由無數個點滴計畫構成的，只有把每一個小計畫做好，你的人生才會演繹得更加絢麗多彩。

西方哲人愛默生說過：「當一個人知道自己的目標去向時，心中的力量就會找到方向，整個世界都會為他讓路。」

有目標，才有獲得成功的希望

曾被《富比士》雜誌喻為「日本最熱門企業家」的日籍韓裔世界富豪——孫正義，

他在十九歲的時候，曾給自己做了未來五十年的生涯規劃：他規定自己在三十歲前，要在所從事的行業站穩腳跟；在四十歲前，要賺到一億美元，並要用這筆錢做成一件大事情；在五十歲前，要選擇一個非常重要的行業，然後把重點都放在這個行業上，並在這個行業中做到出類拔萃；六十歲前，要完成自己的事業，公司的營業額要超過一百億美元；七十歲前，則把事業交給下一代，自己回歸家庭，頤養天年。

孫正義因為很早就明確了目標，所以他用了十幾年的時間，從一個不諳世事、名不經傳的年輕人，搖身一變成了聞名世界的超級富豪。

沒有明確的目標，便無法成就任何事情，不管一個人的年齡有多大，他真正的人生之旅都是從設定目標那天開始的。

有三個石匠在工地上工作，這時有人從工地路過，問他們在幹什麼，三個石匠各有不同的回答。

第一個石匠回答：「我在賺錢養家。」

第二個石匠回答：「我在做一個石匠該做的工作。」

第三個石匠回答：「我正在蓋世界上最好的樓房。」

若干年後，前兩個石匠仍然是石匠，而第三個石匠卻成了一位享譽世界的建築師。

故事中的三個石匠因為各自目標不同，而有了不同的成就。第三個石匠之所以能取得比較高的成就，是因為一開始他就以成為建築師為目標。生活中，每個人都會有目標，並不是所有的目標都能實現，但沒有目標肯定什麼都實現不了。

哈佛大學曾經對一屆即將畢業的大學生做過一次關於人生目標的調查，前提是這些學生當時的智力、學歷、環境條件都相差無幾。調查結果是這樣的：

百分之二十七的人，從未樹立過目標；

百分之六十的人，目標不明確；

百分之十的人，目標明確但比較短暫；

百分之三的人，目標明確且長遠。

二十五年後，哈佛又對這批人進行了調查，結果是這樣的：

百分之三目標明確且長遠的人，幾乎全部成為社會各個領域的成功人士，其中不乏行業領袖、社會菁英；

百分之十目標明確但比較短暫的人，一次又一次地實現著自己的短期目標，成為各個領域中的專業人士，大都處於社會的中上層；

百分之六十目標不明確的人，他們的生活和工作雖然都非常安穩但卻沒有什麼傑出成就，幾乎都處於社會的中下層；

百分之二十七從未樹立過目標的人，他們沒有生活目標，過得很不如意，為此，他們總是在無休止地抱怨，抱怨上帝、抱怨世人、抱怨社會，抱怨這個「根本不肯給他們機會」的世界。

很多成功人士的經驗告訴我們，成功的道路並不是一帆風順的，他們之所以成功，不是因為困難不夠大，而是因為他們從不向困難低頭。

心理學家認為，人做事情如果事先制定一個指標，能給心理造成一定的壓力，這個心理壓力可以啟動一個人的行動，促使這個人為了達成目標而做出各種努力和嘗試，這就是「目標定律」。

目標的力量無疑是巨大的，目標遠大才能激發心中的鬥志。然而，如果目標距離我們太遙遠，久而久之我們就會因為目標長時間沒有實現而感到氣餒，甚至因此而變得自卑。所以我們最好在大目標下分出小目標，分層次和步驟來實現大目標。從而優化人生的進程。

【智慧語錄】

富人與窮人的區別，在於富人有明確的奮鬥目標。當你明確了目標後，你的人生才會有方向，才能在遇到困難的時候不灰心、不氣餒、勇往直前，朝著自己的目標前進，最終走向成功的彼岸。

給事情排定優先次序

「人要有生活的目標：一輩子的目標、一個階段的目標、一年的目標、一個月的目標、一個星期的目標、一天的目標、一小時的目標、一分鐘的目標，還得為大目標犧牲小目標。」

——俄國文豪，托爾斯泰

如何更好地執行計畫

生活中，雖然充滿了各式各樣的事情令人應接不暇，但是總有輕有重、有緩有急，而大多數成功人士，之所以能夠取得成就，與他們善於分清主次來統籌利用時間，把它用在最高回報的地方是密不可分的。

美國伯利恒鋼鐵公司總裁查理斯·舒瓦普向效率專家艾維·利請教「如何更好地執行計畫」的方法。

艾維·利聲稱可以在十分鐘內就給舒瓦普一樣東西，這東西能把他公司的業績提高五成，然後他遞給舒瓦普一張空白紙，說：「請在這張紙上寫下你明天要做的六件最重要的事情。」舒瓦普用了五分鐘寫完。艾維．利接著說：「現在用數字標明每件事情對於你和你的公司重要性的次序。」這又花了五分鐘。艾維．利說：「好了，把這張紙放進口袋，明天早上第一件事是把紙條拿出來，做第一項最重要的事，不要看其他的，只看第一項就好，著手辦第一件事，直至完成為止，然後用同樣的方法對待第二項、第三項……直到你下班為止。如果只做完第一件事，那也不要緊，因為你已經做完最重要的事情了。記得，每天都要花十分鐘的時間做這件事，當你對這種方法的價值深信不疑之後，讓你公司裡的所有職員也這樣做，這個試驗你喜歡做多久就做多久，然後給我寄張支票來，你認為值多少就給我多少。」

一個月之後，舒瓦普給艾維．利寄去一張二萬五千美元的支票，還有一封信。信上說，這是他一生中最有價值的一課。

五年之後，這個當年不為人知的小鋼鐵廠一躍而成為世界上最大的獨立鋼鐵廠，人們普遍認為，舒瓦普取得成功是由多方面原因促成的，但艾維．利提出的方法對小鋼鐵廠的崛起卻是重要的因素之一。

由此可見，無論做什麼事情，只有將事情的排好優先次序，條理清楚地去操作，才能獲得更好的成效。

細化目標，一步步實現

每個人心中都有自己的目標，而達到目標的路程卻是漫長而又艱苦的，為了不讓自己在忙碌中喪失信心，我們需要將目標分解，通過完成一個又一個的小目標來不斷激勵自己，將長距離劃分為若干個距離段，逐一跨越。

一九八四年，在東京國際馬拉松邀請賽中，名不見經傳的日本選手山田本一出人意料地奪得了世界冠軍，當記者問他憑什麼取得如此驚人的成績時，他說了這麼一句話：「憑智慧戰勝對手。」

大家對他所謂的「智慧」都有些迷惑不解，十年後，他在自己的自傳中道出了這個「智慧」的真相：「每次比賽之前，我都會把比賽的路線實際地仔細看一遍，並把沿途比較醒目的標誌畫下來。比如，第一個標誌是銀行，第二個標誌是一棵大樹，第三個標誌是一座紅房子……這樣一直畫到賽程的終點。比賽開始後，我就以百米賽跑的速度奮力地向第一個目標衝去，等到達第一個目標後，我又以同樣的速度向第二個目標衝去，四十多公里的賽程，就被我分解成這麼幾個小目標輕鬆地跑完了。」

第一個標誌……第二個標誌……第三個標誌……正是這種循序漸進的態度幫助山田本一獲得了世界冠軍。

美國有位作家說：「當我打算寫一本二十五萬字的書時，一旦確定了書的主題和框架，我便不再考慮整個寫作計畫有多麼繁重，我想的只是下一節、下一頁甚至下一段怎麼寫。在六個月當中，除了一段一段開始外，我沒想過其他方法，結果就水到渠成了。」

我們每一個人每天面對的事情，按照輕重緩急的程度，可以分為以下四個層次，即重要且緊迫的事、重要但不緊迫的事、緊迫但不重要的事、不緊迫也不重要的事。要按照著層次來處理事情，才能將事情有條不紊的成功做好。

分清主次，先做重要事情

重要而緊迫的事情，是我們的當務之急。這種事情有的是實現我們事業和目標的關鍵環節，有的則與我們的生活息息相關，它們比其他任何一件事都值得優先去做。只有這些事情都得到合理且高效的解決，我們才有可能順利地進行別的工作。

日本的造船大王坪內壽夫很懂得「要事」的重要性，他每天上班時，首先列出哪些是要事、哪些是急事。由於每天急著需要他處理的事務太多，所以他把一切事務都拋開，只去處理最重要的事情，而不需要自己處理的急事，則是交給自己的助手去辦理。正是他的這種做要事而不是做急事的工作方法，使來島集團成為了日本，也是世界最大的造船集團。

在每個人的生活中，也有著許多不緊急，但卻重要的事等著我們去做，我們為了太多緊急的事，只好犧牲一時看來不甚緊急的事，例如為了加班，犧牲應有的睡眠；為了業績，犧牲休閒時間；為了應酬，不能陪家人吃飯；為了謀取職位，不能與朋友聚會。確實，緊急的事不能不做，奈何人生中緊急的事無窮無盡，我們的一生大半在緊急的應付中度過，到最後整個生活步調都變得很緊急了。

而生命中也有很多非常重要，卻一點也不緊急的事。像每天放鬆地靜心，從容地冥想；像愉快地用餐，品嘗茶的芳香；像在山林海邊散步，欣賞山色與雲彩的變化；像聽雨聽泉聽音樂，讀人讀愛讀閒書；像陪父母談昔日溫馨的往事，聽孩子說童稚的笑語。

重要的事可以說是數不勝數，但卻總被緊急的事擠掉了它應有的空間。生命的空間有限，當全被緊急占滿時，就像是一個停滿了汽車卻沒有綠地的城市。當我們靜下來思考未來，或回過頭對過去進行反思的時候，我們會聽到自己的心聲：做自己想做的事情，做讓自己無悔一生的事情。如果我們把事業放在第一位的話，那就必須把有助於實現夢想的工作，永遠放在每天工作清單的第一位，而不要迷失在那些看似緊急的、次要的、瑣碎的事情當中。

人生苦短，我們必須把有限的時間用在最重要的事情上，也就是把要事放在第一位。按照人生的任務和責任，把各類事情按重要性排列，並按輕重緩急開始行動。

訂出計畫，提高效率

王亞君是一個性急的人，不管同事或朋友在什麼時候遇見他，他都表現出浮浮躁躁的樣子，究其原因，主要是他在工作安排上顛三倒四，毫無順序。

他每每做起事來，也常為雜亂的東西所阻礙。因此，他的事務總是一團糟，他的辦公桌簡直就是一個垃圾堆。他經常看起來都很忙碌，從來沒有時間來整理自己的東西，即便有時間，他也不知道怎樣去整理。

但是王亞君的另外一位朋友張傑，卻是一個有條理的人，他從來不顯出忙碌的樣子，做事非常鎮靜，總是有條不紊。他做起事來樣樣都辦理得清清楚楚，他那富有條理、講求秩序的作風，影響到他公司的每一個角落。他的每一個員工，做起事來也都極有秩序，辦公室裡總是一派生機勃勃的景象。

所以說，正確地處理工作忙亂的問題，需要你做事有計劃和有目標。這樣你就可以把所要做的事情排出一個順序，有助實現目標的，你可以把它放在前面，依次做下去，並把它記在一張紙上，這樣就成為了順序表，養成這樣一個良好習慣，會使你每做一件事就向你的目標靠近一步。

無論你做的事是多是少，都要擬定一個計畫表，並盡力按著計畫表去做，如果你的事情太多，而時間不夠，則選擇最重要的做好，把不重要的刪去。

在制訂每日計畫的時候，必須考慮計畫的彈性。不能將計畫制訂在能力所能達到的百分之百，而應該制訂在能力所能達到的百分之八十，這是工作性質決定的。

每天都會遇到一些意想不到的情況，以及上司交辦的臨時任務，如果你每天的計畫是百分之百，那麼，在你完成臨時任務時，就必然會擠佔你已制訂好的工作計畫，原計劃就不得不拖期了。久而久之，你的計畫失去了嚴謹性，你的上司就會認為你不是一個能幹的員工。

工作效率的關鍵問題是：你對工作計畫得如何，而不是你工作做得如何努力。工作有計劃，做起事來才能有條理，你的時間就會變得很充足，不會讓工作擾亂自己的神志，辦事效率也極高。在工作中，每個人都要認識到做出合理計畫的重要性。

【智慧語錄】

不要畏懼過於遙遠的目標，運用化整為零的方法，忙碌於一個又一個眼前可以企及的小目標就是追求理想的第一步。不要抱怨每天忙碌於如此多的瑣事，成功從來都無法一蹴而就，只有循序漸進，讓每天的忙碌都發揮功效，才能距離目標越來越近。

不要忽略非重點性工作

「天下難事，必做於易；天下大事，必做於細。」

——中國春秋時代思想家，老子

其實每個環節都是重點

一群老鼠碰上了一隻非常厲害的貓，為了生存，牠們一起開會討論要怎樣對付這隻讓人頭疼的貓。一隻被認為是最聰明的老鼠想出了一個辦法——給貓的脖子上掛一個鈴鐺。這樣，貓一走動，鈴鐺就會響，老鼠們就可以通過鈴聲「聞聲而逃」了。所有的老鼠都認為這是一個絕妙的好點子。可是，由誰去掛鈴鐺？採用什麼方法掛呢……由於很多細節問題無法解決，這個絕妙的好點子最終只能成為空想。

人們做事情的時候，往往都會忽略到非重點性的工作，然而許多事情也正是因為這些非重點性的事情，導致最終的失敗。

做好非重點工作並且要多方考慮

不管是大企業或小公司，與客戶談生意時，幾乎都喜歡把客戶往餐廳或酒店裡請。花錢請別人吃飯、娛樂，最終是要讓別人高興，從而達到增進感情、加強溝通、融洽關係的目的。可是很多時候我們錢花了，一片盛情卻達不到目的，甚至還把事情搞砸了。原因是什麼呢？其實，還是沒有關注細節的問題。

有一次，某公司來了幾位義大利的客戶，公司安排到附近一間水煮活魚的川菜餐廳吃飯，因為這道菜非常有特色，也非常美味，於是公司的接待人員決定要讓這種好滋味感動義大利客戶。等到義大利客戶坐定聽完服務生介紹這道菜後，開始感到有點不自在，可是公司的接待人員並沒有意識到，還是繼續讓服務生上菜，當那條張著嘴喘著氣且渾身被剮得一片片血淋淋的活魚上桌的時候，義大利客戶站了起來，離開了酒桌。後來公司的接待人員才知道，這幾位義大利客戶在義大利是綠色組織的成員，他們在義大利是反對吃煮活魚的，後來這幾位義大利客戶再也沒有與這間公司來往，他們認為這家公司的人太野蠻、太殘忍，且沒有人性。

在此案例中，如果接待人員注意到義大利客戶的不自在，或者說事先瞭解了這幾位客人的背景，注意到了這些細節問題，生意談成功的可能性也就大了。

很多時候都是這樣，本來生意人習慣把請客吃飯作為一種公關手段去操作，卻因忽視瞭解和尊重對方的文化而適得其反、因小失大。只因沒有注意「吃」的禮儀這個小細節就失掉了寶貴的客戶，確實可惜。然而，也有因為注重日常生活的細節而創造出巨大的市場機會的公司。一個人的生活習慣是最容易被忽略的細節，倘若該公司對客戶做深入細緻的瞭解，就可以投其所好，而不會花了錢還辦不成事了。

東京某貿易公司的一位客服小姐專門負責為客商購買車票。她常給德國一家大公司的商務經理購買來往於東京與富士山之間的火車票。不久，這位經理發現一件趣事，每次去時，座位總在右窗邊，返回東京時又總在左窗旁，經理詢問小姐其中的緣故。小姐笑答到：「去程時，富士山在您右邊；返回東京時，富士山已到了您的左邊。我想外國人都喜歡富士山的美麗景色，所以我替您買了不同的車票。」就是這種不起眼的細心事，使這位德國經理十分感動。促使他把對這家日本公司的貿易額由二百萬日幣提高到六百萬日幣。他認為，在這樣一個微不足道的小事上，這家公司的職員能夠想得這麼周到，那麼，跟他們做生意還有什麼不放心的呢？確實如此，細節都注意到了，還有什麼大事做不好呢？

導致失敗的往往就是細節。因此，只有重視細節，才能夠避免失敗，獲取成功。

做好非重點工作先要做好小事

要做生活的有心人，就不能忽視身邊的小事情，因為小事情也許就是個大商機！搬家業也能賺大錢，這在從前簡直是不可思議的，但日本確實有這麼一家公司，它叫阿托搬家中心總公司。

該公司創辦於一九七七年，僅用了九年時間，年營業額就增加三百四十七倍，達到一百四十多億日元，並從一個地區性公司的小型企業，發展成在全國近四十個城市擁有分公司或聯營公司的大型企業。美國和東南亞一些國家還爭相購買它的搬家技術專利。阿托搬家中心的總經理叫寺田千代乃，由於經營上的成功，已成為日本服務業的明星，被評為日本最活躍的女企業家之一。

寺田千代乃生於一九四七年，學生時代就頗有男孩的氣質，她從小就暗下決心，長大要與男人在事業上分個高低，一九六八年，她與寺田壽男結婚，兩人一起做起了當時比較賺錢的運輸業，但好景不長，一九七三年發生的石油危機使運輸業由盛轉衰，為了生存，寺田夫婦日夜奔馳在公路上，少睡覺、多付出，但仍逃脫不了破產的厄運。

正當寺田千代乃為今後生計發愁時，報紙上一條簡短的消息引起她的注意。消息中說：日本關西地區每年搬家開支四百億日元，其中大阪市就有一百五十億日元。此時，寺田千代乃產生這樣一個念頭：「為什麼不在這冷門的行業上試一試運氣？她和丈夫商量後，決定辦一個搬家的專業公司。」

搬家的市場雖然相當大，但怎麼能把成千上萬分散的住戶吸引過來呢？他們當時可花不起錢打廣告呀！想來想去，她決定利用電話簿為自己做不花錢的廣告，因為想搬家的人肯定會在電話簿上找運輸公司的電話，她瞭解到日本的電話簿是依行業分類的，在同一行業內，企業的排列是以日語字母為序。所以，她就給自己的公司取名為「阿托搬家中心」，使它在同行業中名列首位，查找時很容易發現它。然後，千代乃又在電話局的空白號碼中，選了一個又醒目又容易記的號碼。

公司開張後，生意果然好得很，許多顧客都打電話提前預約。寺田千代乃經營之初對搬家技術就作過全面的瞭解，根據顧客的需要，她對搬家技術進行了一系列革新，另外開發出許多附帶的服務專案。她抓住顧客珍惜家產和害怕家產暴露於外的心理，設計了搬家專用車，把家用器具裝在這種車，既安全可靠，又不會被路人看見。針對日本城市住宅多是高層公寓，寺田千代乃設計了專門的搬家專用吊車和貨櫃，高層公寓居民搬家時，只要用吊車把貨櫃送至窗前即可進行作業。此外，寺田千代乃的阿托搬家中心還提供與搬家有關的服務三百多項。例如：日本人有一種傳統習慣，因搬家難免會打擾左鄰右舍，每逢搬家，都要給鄰居送一些點心或麵條，以表歉意。但是往往因為忙亂而忘掉這一禮節，阿托搬家中心便可代顧客辦理此事；它還為顧客提供消毒、清掃服務；代理因遷居而發生的變更戶籍、改換電話、學生轉學、報刊投遞、結算帳目等手續；還提供室內設計、代購用品、處理廢棄物品、修理門窗傢俱、調試鋼琴等服務。

寺田千代乃的成功吸引了許多人步入搬家行業，他們紛紛模仿寺田千代乃的做法，為了在電話簿上佔據顯要位置，想出了許多千奇百怪的公司名稱。為了迎接各種挑戰，寺田千代乃將開發新的服務視為公司經營的最重要的課題。「不創新就會落伍！」她經常告誡公司的職員。千代乃認為，資訊時代已經到來，只靠電話簿這個廉價方式來宣傳已經不夠，必須利用影響面最廣的電視廣告進行宣傳，但電視廣告費用很高，五秒鐘就要二千萬日元，如果達不到預期效果，一大筆資金就將付之東流，最後千代乃不惜重價嘗試了電視廣告，竟然收效顯著，阿托搬家中心名聲大作，營業額直線上升。

以往搬家總是「行李未到，家人先到」，搬家總是留給人煩惱的回憶，寺田千代乃決心把它變成終身難忘的旅行。為此，她特地在歐洲最大的大轎車廠——德國的巴爾國際公司訂做了一種名為「二十一世紀的夢」的搬家專用車。這種車長十二公尺，寬二點五公尺，高三點八公尺。前半部分為上下兩層，下層是駕駛室，上層是一個可以容納六人的豪華客廳，裡面有舒適的沙發、嬰兒專用搖籃，還裝有電視機、立體組合音響設備、電冰箱、電子遊戲機等設施；後半部才是裝運行李傢俱的車廂，載重量為七噸。這種新型搬家專用車通過電視廣告向日本全國展示後，各地的搬家預約蜂擁而至，特別是好奇心強的孩子們，他們指名要乘坐「二十一世紀的夢」搬家車。

寺田千代乃十分重視自己公司的服務品質，把它作為增強與對手競爭能力的最重要手段之一。該公司每完成一項搬家任務後，都要請顧客填寫「完成證明書」，它的背面則是「賠償請求書」。作業人員如果連續十次向公司交回「完成證明書」，寺田千代乃就親自獎勵給該員工一萬日元；如果出現索賠事故或受到顧客批評，不但得不到獎金，還要被扣罰獎金。這種嚴格的業績考核方法，使公司員工都把提高服務品質與自己的切身利益緊密聯繫起來。阿托搬家中心以其優質服務和創新經營，才得以在日本眾多的搬家公司中脫穎而出，並遙遙領先。

寺田千代乃和她的阿托搬家中心的斐然業績證明，善於收集資訊，從中發現商機，即使一些不引人注目的行業，抑或還有許多被人瞧不起的新行業，也能創造出傑出的企業家，創造出令人驚歎的奇蹟。

【智慧語錄】

要想取得好的結果，僅有聰明才智是不夠的，更重要的是要有精細的精神，以及腳踏實地用心去做的行動。如果因為是不起眼的小事情就馬馬虎虎、鬆懈倦怠，最終，當大事來臨，即使你想做好，也是心有餘而力不足的。要知道，差距開始於細節，成功或失敗、輝煌或無為，它們之間的差別都是從細微處開始蔓延擴大的。

不做「有頭無尾」的半調子

「我的成功秘訣有三個：第一，絕不放棄；第二，絕不、絕不放棄；第三，絕不、絕不、絕不放棄！」

——前英國首相，邱吉爾

一錘定音

一個人一時的盡職盡責很容易做到，要做到在工作中始終如一，能將盡職盡責當做一種習慣卻是難能可貴的。《紐約時報》上有一篇文章講述了一則故事。

在歐洲手工業時代，一個專打銅鑼的鋪子裡，有位工匠師傅已近七十歲了，還每天堅持掌錘，每到打鑼心的時候，老工匠就會使勁力氣打下最後的一錘。原來，鑼心的一錘與周邊的錘法都不一樣，鑼心以外的每一錘都只是準備，最後的一錘才是定音的，或清脆悠揚、或雄渾洪亮，都因這一錘而定。這一錘打好了，就是好鑼，要打得不輕不重，恰到好處。否則，這個鑼就報廢了。不論多麼優質的銅材，不論剪裁的尺寸多麼合理，也不論一開始打了多少錘，這都不是最重要的，恰到好處的最後一錘才是一個鑼製造成功的關鍵。

一個人一生都要對工作負責，做任何事情都要善始善終，前面做得再好，也可能會因為最後放鬆要求的敗筆而功虧一簣，前功盡棄。不管你是在做一份接線生的工作，還是身擔總經理的大任，在職場上取勝的黃金定律之一便是要有責任心，凡事盡力而為。

做事不要淺嘗輒止

工業革命帶來的最重要的結果之一就是專業化。在現代社會中，沒有核心能力的公司將會逐漸倒閉、沒有核心能力的人，一輩子註定只能拿死薪水。而你是否會成為這種人？不妨問自己幾個問題：你是否正走在一條正確的道路上？你是否像畫家仔細推敲畫面構圖一樣，仔細地研究自己工作的每個細節？為了擴大自己的知識面，為公司創造更多的價值，你認真閱讀過有關的專業書籍嗎？你所做的每一件事都盡心盡力了嗎？

如果你對這些問題無法做出肯定的回答，那就說明你並不比別人做得好，也無法超越別人。你也不必疑惑為什麼自己明明比別人聰明，卻長期得不到晉升。在自然界裡，每一個物種都在發展和加強自己的新特徵以求適應環境，獲得生存空間。生命的演化如此，我們的生活和事業發展也是如此，社會對個人的知識和經驗不斷提出了更高、更廣、更深的要求。

泛泛地瞭解一些知識和經驗是遠遠不夠的，「多才多藝」往往使許多人失去成功的機會。企圖掌握好幾十種職業技能，還不如精通其中一兩種。什麼事情都知道些皮毛，還不如在某一方面懂得更多，理解得更透徹，你必須不停地加強和豐富自己的專業知識，依靠艱苦的訓練，強化自己的專業地位，直到比你的同行知道得更多。

學會堅持，絕不放棄

一九四八年，牛津大學舉辦了一個主題為「成功秘訣」的演講會，邀請邱吉爾前來演講。演講那天，會場上人山人海，全世界各大新聞媒體都到了。

邱吉爾用手勢止住大家雷動的掌聲，說：「我的成功秘訣有三個：第一，絕不放棄；第二，絕不、絕不放棄；第三，絕不、絕不、絕不放棄！我的演講結束了。」說完，邱吉爾走下講臺。

會場上沉寂了一分鐘後，突然爆發出熱烈的掌聲，經久不息。

這場演講成為演講史上的經典之作。這並非邱吉爾故弄玄虛，他是用一生的成功經驗告訴人們：成功根本沒有秘訣。如果有的話，就只有兩個，第一個就是堅持到底，永不放棄；第二個就是當你想放棄的時候，請參照第一個秘訣去做——堅持到底，永不放棄！

只有擁有恆心，才能夠孕育輝煌。我們達成目標的旅途是一場馬拉松競賽，最大的敵人不是自己的對手，永遠都是自己。我們來看這樣一組資料：

摩爾根寫《古代社會》用了四十年；

歌德寫《浮士德》用了六十年；

哥白尼寫《天體運行論》用了三十六年；

徐霞客寫《徐霞客遊記》用了三十四年；

列夫．托爾斯泰寫《戰爭與和平》用了三十七年；

愛迪生說：「如果你希望成功，當以恆心為友。」

巴斯德說：「告訴你我達到目標的奧秘吧，我唯一的力量就是堅持的精神。」

對於有目標且正為目標而忙碌的人來說，只要確定目標是適合自己的，那麼只有盯住目標、堅持到底才能體現自己忙碌的意義。

總之，我們活著的最終意義，無非是要利用種種機會以實現理想。要實現你的理想，就得要抱著試試看的決心不可，並要堅持到底。當然，沒有誰敢向你擔保怎樣做就一定會成功，而且絕對不會失敗，但這也代表我們知道事情是有成功的可能性，只是不敢確定它。有了這種冒險的可能性，才能引起我們試試看的絕大興趣來。

讓決策方案「落地」

無論是多麼科學的決策、多麼宏偉的藍圖、多麼超前的戰略，如果只是空喊口號，不落實際行動上，那麼再卓越的計畫也只能是「盤中沙」、「水中月」，永遠不會實現。

喊口號與具體落實，作為一項工作的一體兩面，不可只做其一，不做其二。目標的確立，制度的設立，政策的制定，都無可厚非，也都是必需的，但最重要的還是對於具體工作的落實，對關鍵措施的實行上。如果雷聲大雨點小，必然導致結果上的不盡如人意，最終走向失敗的結局。

【智慧語錄】

把工作做澈底，不「有頭無尾」是一個員工的工作準則，也是做人的基本要求，在工作中，只有把工作做澈底，才能提高工作效率，才能獲得更多的發展機會，才能在自己的職業生涯中獲得成功。澈底工作，將會帶領你走向成功。

像消化食物一樣消化工作

秩序是一種美，均勻、對稱、平衡和整齊的事物能給人一種美感。

簡潔就是速度，條理就是效率。

簡潔和條理也是一種美，是一種辦公室的美學。

食物可以消化，工作也可以

在我們身邊，總是不乏這一種人：事情做到一半就做不下去，最終不得不半途而廢，不能將工作做到澈底。或許很多人都心存疑問：為什麼這些事情做到一半就做不下去了呢？

其實仔細觀察一下這些人的工作情況我們就會明白原因所在：這些人把事情都搞砸了。他們做事沒有條理性，沒有先後順序。我們都知道這樣一句話：話要一句一句說，飯要一口一口吃、路要一步一步走。同樣的，事情也要一件一件做。但是這些人卻偏偏不這樣做，而是所有的事情都一起處理，沒有先後順序之別，更沒有輕重緩急之別。因此，事情做到一半的時候往往就會因為找不到頭緒而放棄，導致半途而廢情況的發生。

因此，一些職場專家提出一個概念：像消化食物一樣消化工作。即做事情要根據計畫按部就班，分清輕重緩急，只有這樣，才能減少「不澈底」工作的情況。

其實在日常工作中，很多人都會因為一些小事情而變得手忙腳亂，進而讓事情變得一發不可收拾，就像在路上開車一樣，前面因為一輛自行車擋道，最後卻引起了大範圍的塞車現象。那麼我們在工作上應該怎麼做才不會出現這種情況呢？

1.分清事情的輕重緩急

任何一個人在工作中都會遇到不同的事情，而這些事情都是有輕重緩急的，也就是說並不是所有的事情都很緊急，也不是所有的事情都無足輕重。那麼正確的做法應該是要在最短且最近的時間裡將最重要的事情解決掉，然後在剩下來的時間裡處理那些不怎麼重要的事情。

我們不能保證、也不能確定一些緊急事情會在什麼時候出現，但是這並不意味著我們就不給這些事情留出時間。比如在一個星期中給自己留出半天的時間來處理那些緊急事情。這樣才不會讓自己出現手忙腳亂的情況。

成就大事的人是不會把精力同時放在好幾件事上的，他們不會讓工作之外的事分散自己的注意。畢竟一個人的精力是有限的，當你全力以赴去做一件事的時候，就不可能有額外的精力去做另一件事。所以，為了做好每件事，在做事的時候就要堅持這個原則：一次只做一件事，像消化食物一樣去消化你的工作，這樣才不會在工作中出現「便秘」的情況。

在一系列以實現目標為依據的待辦事項之中，到底哪些事項應先著手處理？哪些事項應延後處理，甚至不予處理呢？

對於這個問題，麥肯錫公司給出的答案是：應按事情的「重要程度」編排行事的優先次序。所謂「重要程度」，即指對實現目標的貢獻大小。對實現目標越有貢獻的事越重要，它們越要獲得優先處理；對實現目標越無意義的事情，越不重要，它們越應延後處理。簡單地說，就是根據「我現在做的，是否使我更接近目標」的這一原則來判斷事情的輕重緩急。

在麥肯錫，每個人都養成了「依據事物的重要程度來行事」的思維習慣和工作方法。在開始每一項工作之前，我們總是習慣於先弄清楚哪些是重要的事，哪些是次要的事，哪些是無足輕重的，而不管它們緊急與否。每一項工作都如此，每一天的工作都如此，甚至一年或更長時間的工作計畫也是如此。

人們習慣地按照事情的「緩急程度」決定行事的優先次序，而不是首先衡量事情的「重要程度」。按照這種思維，他們經常把每日待處理的事區分為如下的三個層次：

—今天「必須」做的事（即最為緊迫的事）。

—今天「應該」做的事（即有點緊迫的事）。

——今天「可以」做的事（即最不緊迫的事）。

但遺憾的是，在多數情況下，愈是重要的事偏偏愈不緊迫。比如向上司提出改進營運方式的建議，長遠目標的規劃，甚至個人的身體檢查等，往往因其不緊迫而被那些「必須」做的事無限期地延遲了。所以，在麥肯錫公司，告訴新進員工的第一個法寶就是：做要事，而不是做急事。這也是麥肯錫卓越工作方法的精髓之一。

2.分清事情的先後次序

如果你想在同一個時間裡做成多件事情，就好比你想用一隻手抓住好幾條魚，這是不可能的。可是遺憾的是很多人一直都在這麼做，並且還沒有意識到問題的嚴重性。因此，在對將要做的事情進行規劃的時候，一定要分清事情的先後次序，這樣做起事情來才會有條理，才不會出現混亂局面。

曾有一位傑出的時間管理專家做了這麼一個試驗：這位專家拿出了一個一加侖的廣口瓶放在桌上。隨後，他取出一堆拳頭大小的石塊，把它們一塊塊放進瓶子裡，直到石塊高出瓶口再也放不下為止。他問：「瓶子滿了嗎？」

所有的學生回答：「滿了。」

他反問：「真的？」

說著他從桌下取出一桶小碎石，倒了一些進去，並敲擊玻璃壁使小碎石填滿石塊間的間隙。

「現在瓶子滿了嗎？」

這一次學生有些明白了，「可能還沒有。」一位學生低聲應道。

「很好！」

他伸手從桌下又拿出一桶沙子，把它慢慢倒進玻璃瓶。沙子填滿了石塊的所有間隙。他又一次問學生：「瓶子滿了嗎？」

「沒滿！」學生們大聲說。

然後專家拿過一壺水倒進玻璃瓶，直到水面與瓶口齊平。他望著學生，「這個例子說明瞭什麼？」

一個學生舉手發言：「它告訴我們：無論你的時間表多麼緊湊，如果你真的再加把勁，你還可以做更多的事！」

「不，那還不是它真正的寓意所在。」專家說，「這個例子告訴我們，如果你不先把大石塊放進瓶子裡，那麼你就再也無法把它們放進去了。」

一個人在工作中常常會被各種瑣事、雜事所糾纏，有不少人由於沒有掌握高效能的工作方法，而被這些事弄得精疲力盡，心煩意亂，總是不能靜下心來做最該做的事；或者是被那些看似急迫的事所蒙蔽，根本就不知道哪些是最應該做的事，結果白白浪費了大好時光。

「大石塊」，一個形象逼真的比喻，它就像我們工作中遇到的事情一樣，在這些事情中有的非常重要，有的卻可做可不做。如果我們分不清事情的輕重緩急，把精力分散在微不足道的事情上，那麼重要的工作就很難完成。

3. 做事不要太匆忙

在工作中，有很多人總是低頭做事，他們匆忙如大自然的螞蟻，卻沒有多少實質的收穫，對他們來說，草率行事，冒冒失失就是他們生活的寫照！

冒失是一種輕率的表現，是指對任何事情都不能深思熟慮，只憑一時衝動匆忙作出決定，有時甚至不計後果地去做。冒失的人懶於思考，輕率妄動，為了迅速擺脫由動機鬥爭帶來的內心痛苦和緊張情緒，他們不考慮主、客觀條件和後果就會貿然抉擇，草率行事；他們生活節奏快，做事匆忙，往往一件事沒做完，又去做另一件事，或者是好幾件事一起做。

西班牙的智慧大師巴爾塔沙．葛拉西安告誡人們說：做任何事情都不要太匆忙，因為忙亂中容易出差錯；做任何事情也不要太輕率大意，不要急於表態或發表意見。

不要匆忙急促，有些事情不可不問清楚，不弄明白。凡事預則立，不預則廢，一個人只有知道該如何安排工作，制定一個高明的工作進度表，才能高效率地辦事，在短期內出色地完成老闆交付的工作。

正如一位成功的職場人士所說：「你應該在每一天的早上制訂一下當天的工作計畫，僅僅五分鐘的思考就能使你一天的工作顯得非常有效率。」

舉一個行銷工作中的實例：新品上市初期，開拓市場尋找經銷商是一件非常重要的工作，但面對一個陌生的城市和市場，你會怎麼辦呢？你是下車後匆匆忙忙的四處走街串巷，還是經過詳細調查後，制定完善的拜訪計畫及合理路線？

每個城市都有幾百個經銷商，不可能每個客戶都去拜訪。經驗豐富的行銷人員會挑選客戶中百分之二十有意向、有網路及實力的經銷商進行重點拜訪，用百分之八十的時間溝通百分之二十的重點客戶。同時，為了不放棄那些潛在經銷商，經營相關產品的小經銷商只需要簡單地散發新品招商資料就可以了。

有智慧的人不是一有想法就馬上去做，等發現偏差再去調整，而是一開始就想好要怎麼做，並且把所有事情都想好，理清。因為沒有時間而趕著把事情做完的人，事後通常要花更多的時間把第一次沒做好的事情做好。如果真的沒有時間把每件事都做好做完，那就把最重要的事做完。

有些人認為做事不匆忙是一件很容易的事情，只需要每一次做事時注意一下就行，其實一個人做事不慌不忙是一種習慣，你會發現一個做事匆忙的人做所有的事情都是冒冒失失，他們是憑著自己的直覺在做事。要想改變做事匆忙的缺點，首先就是要在做每一件事情前先制定計劃和目標，並且形成習慣。

【智慧語錄】

不管從事什麼工作，事先的調查和分析都會有助於你找到實現目標的最佳方案，好的鐘錶行走十分規律，不快也不慢。有智慧的人做事絕不匆忙，也不拖拉；不莽撞，也不躊躇。他做事總是有條不紊，不慌不忙，沒有積壓，絕不拖延。

「下一個」真的會更好嗎

「當人要半途而廢的時候，他們往往不知道自己離成功有多近。」

——美國發明家，愛迪生

永遠指望「下一個」，永遠不會成功

在我們的身邊中，我們經常會遇到這樣一類人：面對沒有做完或是不想繼續做完的工作，他們總是會說：「沒關係，下一個可能會好一點。」這種把成功的希望寄託在「下一個」工作之上的人很可能會無限期地將希望傳遞下去。當然，成功對於他們來說，永遠不可能是當下，而只能是「下一個」。從某種程度上來說，這種「下一個」的心理會讓我們走入歧途：無限期地寄託希望，而永遠沒有成功。

確實，我們成功會有很多機會，而這些機會也都是存在於「下一個」的機會之中，但是，要想成功，最重要的還是要把握當下。有句話說得好：活在當下。即是要把握好現在的時光，而不是明天或後天的時光。換一個角度來說：誰又能知道明天和後天是怎

麼樣的呢？面對眼前的工作，我們必須先做好它，真正地把它澈底完成，而不是把眼光放在下一個工作上面。並且如果你養成了這種習慣，那麼即便你接到了下一個工作，你同樣不會好好把握，因為你還是把眼光放在「下一個」上。

把握當下是當前很多藝人所流行的一個口號，特別是在很多明星「英年早逝」的過去這幾年，這些螢光幕上的當紅明星更是深刻地認識到了這一點，我們大家所熟悉的林依晨就是這樣一個人。

林依晨，在影迷的心目中是一個漂亮、可愛的女孩，但是在她的內心，卻是一個既堅強、又勵志的女藝人。或許很多人都很奇怪，為什麼這樣一個年紀輕輕的女孩，她的身上卻會有如此之多值得人們學習的地方，其實這還是跟她的生活經歷有關。

一九八二年十月二十九日，林依晨出生在宜蘭縣一個普通家庭裡，童年父母分居，高中時正式離婚，從小由媽媽一人把她與弟弟帶大。懂事的她主動挑起了家庭的重負，並且為了幫助弟弟買一台新的電腦而報名參加選美比賽。

「由於薪資微薄又帶著兩個孩子，體弱多病的林媽媽常常只能靠信用卡應急，長年下來利滾利，背上了上千萬的債務。」這樣的家庭環境不僅讓林依晨習慣了省錢節儉的生活，也讓林依晨明白了一個道理：人是活在當下，而不是明天或者後天，誰又能知道明天、後天是什麼樣子呢？

雖然這種想法有些悲觀，但是卻很務實，無論是在成名之前，還是在成名之後，林依晨都這樣告誡自己，特別是在工作、學習上，林依晨也是這麼去做的。

在她的成長過程中，曾經經歷了一些事情讓她更加明白了「當下」的意義。在她仍就讀高中的某天晚上，媽媽突然中風，她與弟弟手足無措的時候，她依舊倔強地不願向離家的父親低頭。「我一個人帶著弟弟把媽媽送進醫院，一邊辦理各種繁雜的手續，一邊與醫生交流，既要安撫弟弟的情緒，還要安撫我自己的。」本能的慌亂加上經濟的壓力和最愛的人有可能離去的惶恐，讓這個十七歲的小女生面對轟然到來的逆轉不得不選擇孤獨承擔與堅強忍耐。這種赤裸裸的刺激讓她更加明白了生命的意義：當下，而不是明天，對於很多人來說，或許沒有明天、或許明天還是一樣。只有你把今天過好了，才是真的。

而幾年後，在那部讓她一砲而響的《惡作劇之吻》裡，林依晨扮演的袁湘琴蜷縮在醫院的灰暗角落中顫顫地拿著電話聽筒，恐懼地撥不了一個號碼，吐不出一個字，最後終於澈底不能自己地、完全歇斯底里地、渾身抽搐地放聲哭泣。那一刻她是最完整的袁湘琴，更是最完整的她自己。這樣的劇情也再一次地讓林依晨明白了當下的意義。

然而，生活對於她的磨煉似乎還沒有停止。二〇〇七年一月八日，她的好朋友許瑋倫因為車禍而去世，現實的殘酷再一次地捶打了她脆弱的心靈。

許瑋倫的去世，讓她開始領悟珍惜當下的重要。對這種重要性的領悟也體現在了她的工作之上。在拍電視劇的時候，她可能會因為拍不好一場戲而急得掉眼淚，而她的搭檔也經常會安慰她：「沒事，我們還有下一場，這場拍不好沒事，下一場拍好就可以了。」每當遇到這種情況的時候，林依晨就會「發飆」：「下一場就能好嗎？我必須要把這一場拍好，才能保證拍好下一場，這一場都沒有拍好，誰又能保證下一場就一定好呢？」簡簡單單的幾句話卻道出了成功的秘訣：不要指望下一個，而應該做好當下。也正是這個精神，讓年紀尚小的林依晨開始紅遍螢光幕，直到去年的火紅電視劇《我可能不會愛你》，飾演了女主角程又青，而為大家所熟知。

現在我們知道為什麼職場之上很多人都沒有取得成功的原因了，那麼，在日常工作中，我們該如何才能把握好當下呢？

1.絕不拖延。

人類有三大原惡，即任性、懶惰和嫉妒。而拖延則是任性與懶惰本性的突出表現，是消極心態的代名詞。也許有人會說，在合適的時候拖延一下是有好處的，例如在煩惱、疲倦、沮喪或者憤怒的時候，暫時地中斷工作比勉強支撐的效果要好。這種有效的「拖延」其實是一種積極的以退為進的方法，當然與逃避責任和放縱自己的拖延具有本質意義上的區別。

2.隨時準備行動、準備成功。

要想獲得成功，最好的辦法就是立即行動，隨時準備成功，在機會來臨的時候，不要想著再等一下，要知道，機遇是不等人的，你失去了也就永遠失去了。記住，沒有人會為我們失去機會而承擔損失，只能是你自己來承擔，而代價就是無休止的失敗。

3.清除「下一個」的念頭。

諸如「再等一下」、「明天再開始做」、「今天不舒服」這樣的語言或心理意念是一種藉口，是弱者的表現，請馬上清除它們。要知道，我們只能在現在成功，而不是在未來的某個時刻。

【智慧語錄】

人們總是把成功的希望寄託在明天、下一個工作、下一次機會之上，而沒有很好地把握好現在的機會，到頭來只能是竹籃打水一場空。

第二章

一板一眼，踏踏實實

在工作當中，凡事都應該按照流程去做，有時候更需要一板一眼地去做事，寧願多花成本、降低做事效率，也要保證公司的利益和安全。事實上，許多公司的流程都是有一定的科學根據或是經驗總結的結果，只有按流程辦事，才能發現細節中的隱患，並在操作中一步步地把它消除。

打雜就是「紮馬步」

「拿破侖是由炮兵幹起，卓別林是從跑龍套的演員起步，如果他們當年不遷就那個低微的工作，可能有日後的成就嗎？所以我要說，低不就則高不成。」

——作家，劉墉

職場先修班

許多職場新人剛從象牙塔中走出來，就以為自己學識豐富和能力非凡，便覺得自己絕對是可以當管理者的料，因此就常常擺出一副自以為是的架勢，希望能得到一份富有挑戰性的工作來發揮自己的專長，並且證明自己的能力，從而儘快獲得提升。但是，絕大部分企業的領導人是冷靜和現實的，他們一般不會讓你這種職場新人負責比較重要的工作，一開始多是讓你打雜，因為道理很簡單，剛出校門的學生還不能算是個真正的「白領」。你有激情，有理想。你想做大事業，需要有高起點，這道裡當然沒錯，但萬丈高樓平地起，一個人只有激情和理想這還遠遠不夠，所以，作為職場新人，讓你坐坐冷板凳是正常的。

對於新出學校的職場新人，公司實際上是讓你進公司的「先修班」。即使你在學校每門課程都是拿A，你也得讀這個「先修班」，因為你剛從學校出來，你的經驗只是白紙一張，這個時候，你可能連怎麼接聽客戶的電話都還不會。如果你不服氣，那你先給自己提幾個問題：如果你是讀電子相關科系的，你問問自己，你可以勝任鴻海、友達、宏碁、聯電、IBM等大公司的工程師的工作嗎？如果你是學廣告傳媒相關科系的，你可以勝任奧美、智威湯遜、我是大衛、麥肯、李奧貝納等公司的職位工作嗎？或者你可以作為其競爭對手，與其全面抗衡嗎？如果你的答案都不太肯定，那你就得收起你的野心，老老實實進這個「先修班」學習。

學會從零開始

你想做出一番大事業，需要有高起點，這點是無庸置疑的，但萬丈高樓平地起，一個人只有激情和理想這還遠遠不夠，所以作為職場新人，讓你坐坐冷板凳是很正常的。由於現實總是與理想存在著差距，因此許多職場新人抱怨平時「吃的是雜糧，做的是雜活，當的是雜人」，所以跳槽的想法就自然而然的產生了。當你蜻蜓點水似的換過幾次工作之後才發現，這樣的問題幾乎到哪裡都存在。即使你沒有跳槽，但當你正在牢騷滿腹、懷才不遇的時候，一年兩年的時間就過去了；除了不再是「職場新人」，你的本質一點也沒改變，仍然在原地踏步，繼續打雜，而與你一起來的其他新人可能早已青雲直上，這就正應了那句古詩，「沉舟側畔千帆過，病樹前頭萬木春」。

作為上班族，你應該要知道，公司是一種追求效益最大化的經濟動物，它也必然會要求人才效益的最大化。因此，公司既然把你招聘進來，自然就對你有所期待，在給你安排工作的時候，公司自然會考慮讓你的能力得到最大限度的發揮，所以對你的工作安排自然有上層的考慮，有他們的合理性。如果你認為他們有眼不識泰山，總讓你做些無關緊要的打雜工作，那麼你就要做出點實際成果來讓他們對你刮目相看。因此，對於職場新人來說，前兩三年打打雜是很正常的，這如同練功先要練「紮馬步」一樣。在這個階段，公司實際上是讓你進公司的「先修班」。

因此，在「先修班」，你必須要有一種從零做起的心態，放下大學生的架子，虛心地向公司裡的前輩請教，只有這樣，你才能順利從這個「先修班」畢業。

大學生活跟職場生活完全迥異

劉偉強畢業快半年了。他現在開始有些後悔，後悔當初進了現在這間公司，要是繼續去考研究所，繼續過那種上午睡到九點，下午睡到三點的大學生生活，現在該有多快活。別的不抱怨，就是早上九點要按時上班這一條規定就讓他受不了。過去在大學的四年，總是想睡到什麼時候就睡到什麼時候，可是現在早上六點一過就得起床，一個鬧鐘不行，有時得開兩個。「上班不能遲到！」就像條緊箍咒一樣牢牢地套在他頭上。

剛剛進入職場的新人，經常喜歡將學校的生活和工作的環境做對比，特別是在還不適應職場生活的時候更是如此。學校裡的生活無憂無慮，當然會讓人留戀：除了上課和考試，剩下的時間都是自己的。上課之餘，你可以選擇自己喜歡的時間和地點去學習，考試前開開夜車，辛苦幾天就能應付。更多的時候，你可以去圖書館暢遊書海，也可以坐在學校裡幽靜的小樹林裡閱讀小說，或者和同伴好友相約去打球健身。

但上班以後就不一樣了。每天朝九晚五，活動的空間就只有自己的座位、辦公室走廊和洗手間。中午去員工餐廳用餐，或是自己到外面當外食族打發，下午到會議室開會，偶爾外出見見客戶就是爽差事了。不過下班之前你還得回來打卡，否則就算違反紀律。

做學生最大的幸福是擁有自由的時間表，而且每年還有兩個誘人的長假。不少留戀校園生活的人都選擇了當老師這種職業，重要原因之一就是自由。與他們相比，辦公大樓裡朝九晚五的作息時間就會讓一些人感到難熬。讓職場新人尤其難受的是，經常要加班，連朝九晚五這最基本的準則都還保證不了。

但是，學生總要長大，這是不變的世間定律，誰也沒有資格拒絕讓自己長大。你的生命需要不斷更新，這是你的生命成熟的過程。有人像寵物一樣毫不覺察自己的生命已經停止，知足常樂；也有人意識到自己的生理年齡在增長，但心理年齡卻沒有增長，而且也沒有能力去改變什麼。

你想要成長，就必須放棄因不習慣而對過去的留戀。過去的你是自由的，也是幸福的，但那只是你生命中的一部分。你的生命在更新，你在成長，因此，不能讓那種「自由」成為一種慣性，影響你整個生命的運行。你不是彼得潘，你必須長大。

從學生轉變為上班族，剛開始要約束自己的時候，肯定會有些不習慣，甚至有些痛苦。比如，你現在不能睡懶覺了，每天要準時上班，你就必須改變睡懶覺的習慣；讓一個睡慣了懶覺的人每天早上按時起床，的確是一種痛苦。面對這種痛苦怎麼辦？是繼續睡懶覺嗎？如果繼續睡懶覺，你可以避免因改變習慣而帶來的痛苦，但它會給你帶來新的痛苦——每天上班遲到，最後被炒魷魚。如果你自己不肯約束自己，那麼，換來的只是你被別人約束。既然你的成功要靠別人約束，那你為什麼不自我約束，一定要別人來約束呢？

「自由」與「約束」其實就是一對孿生兄弟，你不可能只要自由而不要約束。其實，如果你換一種角度來看待「約束」，你的職業生涯會更加輝煌。雖然一開始你自我約束可能會帶來痛苦，但久而久之它會讓你受到同事的尊重，上司也會慢慢地器重你。一旦你養成了自我約束的習慣，你在職場上就會遊刃有餘，甚至逢凶化吉。而此時，與享受成功後的幸福相比，你剛開始自我約束所帶來的痛苦就微不足道了。

做好每一份小工作

前幾天，馮漢濤信心滿滿地前往一家大公司面試，他萬萬沒想到自己當場就被拒絕了。他對被拒絕也有心理準備，但是，對方拒絕他的理由卻讓他無法接受。

馮漢濤不僅畢業於國立頂尖大學，而且在校園裡也可以說是一個一呼百應的風雲人物。「我畢業於某某理工大學電子工程系，在大學裡，我是系學生會主席，曾組織過多次大型校內校外演藝活動，並利用假期時間，參加過許多社會公益活動，我認為，我有很強的組織能力和領導才能……」馮漢濤一上來就是這樣自我介紹，希望先聲奪人，給公司面試官留下一個強烈而又深刻的印象。

但面試官的人似乎毫無感覺，語氣淡淡地問馮濤：「要是我安排你去我們三重的工廠，先在修車間做一段時間，你願意嗎？」

馮漢濤以為這只是在考驗他，便說：「我不甘心做機修工，但我會努力去做，而且做到最好，直到你們覺得我可以勝任管理工作。」

面試官的人微微點頭後對馮漢濤說：「好，公司培訓完後你就去三重的工廠，先在修車間做一段時間。」

馮漢濤沒想到對方說到做到，真讓自己去修車間，於是他說：「我覺得機修的工作不需要大學本科生去做，所以，讓我做機修工，你不覺得這是浪費人才嗎？我完全可以做比修車更重要的工作。」

「噢？」對方反問：「在我們公司，每一份工作都重要，現在既然你這麼說，就說明你的水準一定很高，那我問你，在我們公司現有的各類電子產品中，你對哪類產品的設計非常熟悉？」

「這……」馮漢濤無言以對，但他心有不甘。

面試官很客氣地說：「如果願意的話，我歡迎你參加我們公司的下一次面試。」

當你還沒有完全邁出校門，你就發現自己在大學裡的所有夢想都破滅了，這是多麼殘酷，但這就是現實！任何人如果對一般的小事都不願意做，都不想去做好的話，那麼他自然也不會做成什麼大成就來。

【智慧語錄】

作為職場新人，你要有多做一點和多學一點的心態，如多澆花、多倒水、多掃地，埋頭多做一點，好高騖遠少一點，這樣，辦公室裡的前輩會覺得你孺子可教，而你有什麼疑問，他們也會耐心向你解釋。

職場需要一點笨拙和膽小

「笨人的可怕不在其笨，而在其自作聰明。」

——作家、政治評論家，李敖

公私分明，不自作聰明

現在職場上有不少人以為能占點便宜就占點便宜是種「精明」和「靈活」的表現，其實是大錯特錯。能占點便宜就占點便宜，至少是一種不遵守公司紀律和違反職業道德的行為。這種行為一旦成為習慣，就容易導致其它一些不良行為的滋長。

一個人的行為習慣，如果離開了外部約束，就開始隨意改變尺度，做出另外選擇的話，那就意味著如果沒有執法人員在場，你就可以隨便犯法。舉個例子，如果你對於用辦公室電話打私人電話這種小事不以為然的話，你就會由此漸漸變得對什麼警示都毫不在意。於是，在工作中遇到其他一些「紅色警戒線」的時候，你可能也不會在乎。一個以違法亂紀為能耐和習慣的人，在無人監管的情況下，做違法亂紀的事是遲早的，而違法亂紀總是會受到懲罰。做違法亂紀的事，不是不報，只是時候未到，所以你千萬別心存僥倖！

因此，作為職場中人，無論在什麼地方，無論在什麼時候，你應該清楚，公家的就是公家的，私人的就是私人的，一定要將它們區分開來。當你用自己的手機或者到外面打公用電話時，也許有人會說你傻，但是，你要明白，笑你傻的那些人的「精明」僅僅是一種小聰明，而不是一種真正的聰明。為了省區區幾塊錢而養成一種有可能自毀前程的壞習慣，作為一個現代上班族，你覺得值得嗎？

身在職場，你不妨把自己想得笨拙一些。這世界變化太快，你不要怕自己趕不上變化的節拍，因為總有些東西是不會變化的，你只能以不變應萬變，而這個不變就是遵紀守法。在現代職場上，你需要些笨拙和膽小，它們能保證你不受意外傷害，而且，能得到同事和上司的更多信任，因此，你的機會也就更多。

如果你把自己看得很聰明，你就可能經常會被生活嘲弄；而如果你把自己看得笨拙一些的話，你往往就會帶給人驚奇；你把自己看得笨拙一點，你就可以擁有勇氣承認自己的無知或膽小，因而可以明明白白地去學習，看到自己的不足；你把自己看得笨拙一些，你就能坦然處世，平靜自省，不驕不燥，不會遇事衝動，而是會遇事三思。

對於職場新人來說，從一開始就養成一種隨時自我約束的良好習慣是非常重要的。一個人良好的行為舉止，不是做給別人看的，而是一種操守在人內心的修煉。在沒有監督的情況下堅持原則，才是一個人真正的道德底線。而這種道德的底線，需要每一個人自覺堅守才行。因為所有好習慣都離不開自覺保持、自我督促。

笨拙需要嚴謹的作風

為了學英語，孫健豪在念大學的時候買過好幾台國產的小型隨身聽，每台用一兩個月都出現同一個毛病：電機轉速下降。找人修理後，舊的問題解決了，新的問題又層出不窮。後來他下決心買了一個日本的產品，有一次卻不小心把外殼壓破了，隨著時間的推移，外觀越來越不成樣子；直至後來使用了十年，外殼完全散了，當孫健豪準備丟掉它的時候，它的電機卻仍在正常地運轉。

日本人做事會認真到一種近乎「愚蠢」的地步，這種「愚蠢」是什麼樣的愚蠢呢？比如說日本人觀看體育比賽，幾萬人離場，地上不留一根煙蒂、一片紙屑、一絲痰跡，這還不算什麼。日本餐廳洗盤子一定要洗七遍，有一個打工的中國留學生取巧只洗三遍，結果這個留學生再也找不到工作，最後只好離開日本。這一點也不誇張，因為唯有認真工作才有成功的契機。

有一次，孫健豪在限速的公路上超速了幾秒鐘，為的是越過前面德國人開的一輛車去轉彎。轉彎後，他發現被越過的這輛德國人開的車在他後面緊追不捨，一直追了一個半小時。直到了在總領事館下車後，他問這個德國人為何一直跟著他。這個德國人說，我追了你一個半小時就是想問你一句話：你為什麼要超速？

一九四四年冬天，盟軍完成了對德國的合圍，法西斯德國失敗在即。德國百姓的生活陷入困境，食物短缺、燃料匱乏。由於德國地處中歐，冬季非常寒冷，缺少燃料可能導致許多居民被凍死。不得已，各地市政府只得讓市民上山砍樹，以解燃料短缺之急。

據戰前留學德國的老人回憶，德國人是這樣砍樹的：林業人員先在茫茫林海中搜尋老弱樹或劣質樹，找到後在上面畫一個紅圈。而砍伐沒有紅圈的樹，就要受到政府的處罰。

問題的關鍵是，誰來執行處罰呢？當時德國政府行政管理已經名存實亡，公務員盡數抽調到前線去了，市內找不到員警，全國近乎處於政權的真空。但直到戰爭結束，全德國沒有發生過一起居民亂砍濫伐的事，他們全部忠實地執行了規定。五十多年後，老人提起這事仍感歎不已：德國人「具備了無政府的條件卻沒有無政府的現象」！

笨拙並不代表沒能力

維斯康公司是美國二十世紀八〇年代最著名的機械製造公司。詹森和許多人一樣，在該公司每年一次的求才招聘會上被拒了。但是他並不灰心，發誓一定要進入這家公司工作。

於是，他假裝自己一無所長，找到公司人事部，提出為該公司無償提供勞動力，請求公司分派給他任何工作，他將不計任何報酬來完成的提議。公司起初覺得簡直不可思議，但考慮到不用任何花費，也用不著操心，於是便分派他去打掃車間的廢鐵屑。

在整整一年時間裡，詹森非常勤勞地重複著這項既簡單又勞累的工作。為了糊口，下班後他還得去酒吧打工。儘管他得到了老闆及工人的一致好感，但仍然沒有一個人提到有關於錄用他的問題。

一九九零年初，公司的許多訂單紛紛被退回，理由均是產品品質問題，為此公司將蒙受巨大的損失。公司董事會為了挽救頹勢，緊急召開會議，尋找解決方案。當會議進行了一大半還不見眉目時，詹森闖入會議室，提出要見總經理。之後在會上，他就針對了該問題出現的原因作出了令人信服的解釋，並且還就工程技術上的問題提出了自己的看法，隨後拿出了自己的產品改造設計圖。這個設計非常先進，既恰到好處地保留了原來的優點，又克服了已經出現的弊病。

總經理及董事覺得這個清潔工還蠻精明在行，便詢問他的背景及現狀。於是，詹森當著高層決策者的面，將自己的意圖和盤托出。之後經董事會舉手表決，詹森即被聘為公司負責生產技術問題的副總經理。

原來，詹森利用清掃工到處走動的特點，細心察看了整個公司各部門的生產情況，並詳細地一一記錄，發現了那些存在的技術問題，並想出瞭解決的辦法。他花了一年時間搞設計，做了大量的統計資料，終於完成了科學實驗。

詹森並沒有因為自己是一名清潔工就不認真對待自己的工作，相反，他知道自己在為公司工作的同時，也是在為自己的未來工作。因此，他把自己平凡的工作當成了一個寶貴的學習機會，在平凡的工作崗位中為自己的未來創造了成功的契機。

在職場上，只有認真工作才是真正的聰明，因為認真工作是提高自己能力的最佳方法。美國零售業大王傑西．彭尼說過，一個人要想有所成就，最明智的辦法就是選擇一份即使報酬不多也願意做下去的工作。暫時的放棄是為了未來更好的收穫。因為你在為公司工作的同時，也是在為自己的未來工作。

笨拙需要認真的態度

在職場中，只有認真工作的員工才最受企業的歡迎，這是無庸置疑的。由此不難得出這樣的結論：不認真工作的人，必定會遭到企業的淘汰。試想，一個想要找到金礦的採礦者，如果他認為在海灘上挖掘更容易，而因此就在那裡尋找金子的話，那他找到的肯定只是一堆沙子，而絕不可能是金子。只有在堅硬的石頭和泥土中挖掘，才有可能找到想要的寶藏。同樣，工作懶散，只能得到公司的解聘通知書；只有認真工作，才可能得到公司的重用，贏得升遷和加薪的機會。

可惜的是，在現實的工作中，有些員工只知道抱怨公司，卻不反省自己的工作態度，他們根本不知道被公司重用是建立在認真完成工作的基礎上的。他們整天應付工作，並發出這樣的言論：「何必那麼認真呢？」、「說得過去就行了嘛。」、「現在的工作只是個跳板，那麼認真幹嘛？」結果，他們失去了工作的動力，不能全身心地投入工作，當然，他們也就不可能在工作中取得斐然的業績。最終，聰明反被聰明誤，失去了本應屬於自己的升遷和加薪機會。

讓我們看一下通用電氣公司（又稱奇異公司）的前首席執行官傑克·韋爾奇是怎樣對待那些唬弄工作的員工：「每年，我們都要求公司的每一家分公司為他們所有的高層管理人員分類排序，其基本構想就是強迫我們每個公司的主管對他們領導的團隊進行區分。」

「他們必須區分出：在他們的組織中，他們認為哪些人是屬於最好的20％，哪些人是屬於中間值的70％，哪些人是屬於最差的10％。」

「如果他們的管理團隊有二十個人，那麼我們就想知道，20％裡最好的四個和10％裡最差的兩個分別是誰，包括姓名、職位和薪資待遇。表現最差的員工通常都必須走人。」

對韋爾奇的做法，戴爾公司董事長兼CEO邁克爾·戴爾也深有同感。當問到邁克爾解雇一名「最差」員工通常採用什麼方法時，邁克爾回答說：「動作要快，越快越好。如果有人持續表現欠佳，你可能以為等待會對他有利，那你就全錯了。實際上，你會把事情搞得更糟。」

由此可見，在職場中，只有認真工作才最受企業的歡迎。職場中提升最快的也往往是那些工作認真、踏實肯做的人。而那些表現欠佳，只是在應付工作的「最差」員工，也往往是公司最先考慮的辭退對象。所以，為了我們的事業上的成功，我們必須認真工作、努力工作，讓認真精神貫穿於我們工作的始終。

【智慧語錄】

工作是一個態度問題，是一種發自肺腑的愛，一種對工作衷心的熱愛。工作需要熱情和行動，工作需要努力和勤奮，工作更需要積極主動、自動自發的精神。只有以這樣的態度對待工作，人們才可能獲得工作所給予的更多回報。

每個人都只錯了一點點

「小題要大作，大題不會錯；小題若常錯，終究大題錯；大題若是錯，團體沒得救。」

——常律法師

小錯誤，大禍害

當巴西海順遠洋運輸公司派出的救援船到達出事地點時，「環大西洋」號海輪已經出事了，二十一名船員不見了，海面上只有一個救生電臺有節奏地發著求救的信號。救援人員看著平靜的海面發呆，誰也想不明白在這個海況極好的地方到底發生了什麼事，從而導致這艘最先進的船發生沉沒的憾事。這時有人發現電臺下面綁著一個密封的瓶子，救援人員打開瓶子，發現裡面有一張紙條，上面有著二十一種不同的筆跡，上面這樣寫著：

一水手理查：3月21日，我在奧克蘭港私自買了一個檯燈，想在給妻子寫信時照明用。

二副瑟曼：我看見理查拿著檯燈回船，說了句：「這小檯燈底座輕，船晃時別讓它倒下來。」

三副帕蒂：3月21日下午船離港，我發現救生筏施放器有問題，就將救生筏綁在架子上。

二水手大衛斯：離崗檢查時，發現水手區的閉門器損壞，我用鐵絲將門綁牢。

二管輪安特爾：我檢查消防設施時，發現水手區的消防栓銹蝕，心想還有幾天就到碼頭了，到時候再換。

船長麥凱姆：起航時，工作繁忙，沒有看甲板部和輪機部的安全檢查報告。

機匠丹尼爾：3月23日上午理查和蘇勒的房間消防探頭連續報警。我和瓦爾特進去後，未發現火苗，判定探頭誤報警，拆掉交給惠特曼，要求換新的。

機匠瓦爾特：我就是瓦爾特。

大管輪惠特曼：我說正忙著，等一會兒拿給你們。

服務生斯科尼：3月23日下午一點到理查房間找他，他不在，坐了一會兒，隨手開了他的檯燈。

大副克姆普：3月23日下午一點半，帶蘇勒和羅伯特進行安全巡視，沒有進理查和蘇勒的房間，說了句：「你們的房間自己進去看看」。

一水手蘇勒：我笑了笑，也沒有進房間，跟在克姆普後面。

一水手羅伯特：我也沒有進房間，跟在蘇勒後面。

機電長科恩：3月23日下午兩點，我發現跳閘了，但這是以前也出現過的現象，沒多想。就將閘合上，沒有查明原因。

三管輪馬辛：感到空氣不好，先打電話到廚房，證明沒有問題後，又讓機艙打開通風閥。

大廚史若：我接馬辛電話時，開玩笑說，我們在這裡有什麼問題？你還不來幫我們做飯？然後問烏蘇拉：「我們這裡都安全嗎？」

二廚烏蘇拉：我也感覺空氣不好，但覺得我們這裡很安全，就繼續做飯。

機匠努波：我接到馬辛電話後，打開通風閥。

管事戴思蒙：下午兩點半，我召集所有不在崗位的人到廚房幫忙做飯，晚上會餐。

醫生莫里斯：我沒有巡診。

電工荷爾因：晚上我值班時跑進了餐廳。

最後是船長麥凱姆寫的話：晚上七點半發現火災時，理查和蘇勒房間已經燒穿，一切糟糕透了，我們沒有辦法控制火情，而且火越燒越大，直到整艘船上都是火。我們每個人都犯了一點錯誤，但釀成了船毀人亡的大錯。

看完這張絕筆紙條，救援人員誰也沒說話，海面上死一樣的寂靜，大家彷彿清晰地看到了整個事故的過程。每個人都只錯了一點點，但是最終卻造成了巨大的災難。所以，我們在日常的生活中一定不能忽視每一個錯誤點，不要放過任何一個漏洞。

每一個細節都可能會毀掉你

也許有些時候，影響整個局面的就只是某一個細微之處。我們不需要成為一名雄韜偉略的戰略家，但絕對要當個一步一個腳印的執行者。有時候，只是一個微不足道的細節，就會葬送一個宏偉的計畫，而一個精確、生動的細節則可以成就一件偉大的作品。

一四八五年，英國國王理查三世和理奇蒙德伯爵亨利為了爭奪王位，在博斯沃思展開了一場激戰。開戰前夕，理查三世派一個馬伕去準備戰馬，馬伕隨即吩咐鐵匠儘快給馬釘掌。但連續不斷的戰爭耗盡了所有的鐵片，因此鐵匠請求馬伕去找鐵片。馬伕非常不耐煩，讓鐵匠用現有的材料湊合著用。無奈之下，鐵匠把一根鐵條截為四份，加工成馬掌，把它們砸平、整形，固定在馬蹄上，然後開始釘釘子。當準備釘第四個馬掌時，鐵匠發現釘子沒有了，他又請求馬伕去找釘子。馬伕再次拒絕了鐵匠的請求，說：「我聽見軍號了，來不及了，如果時間晚了國王會怪罪我們的。」結果，國王戰馬的第四個馬掌少了一顆釘子。

戰爭開始了，國王騎著馬伕為他找來的戰馬，一馬當先衝在前頭，受到鼓舞的士兵們也跟著迎了上去。沒過多久，意外的事情就發生了：少一顆釘子的馬掌脫落了，戰馬跌翻在地，國王也栽倒在地上，他還沒來得及抓住轡繩，驚恐的馬就脫轡而去。見此情形，國王的士兵四處逃竄，潰不成軍，接著國王不幸被俘擄。他揮舞著手中的寶劍，仰天長嘯：「我的國家，竟亡於一匹馬！」

戰爭以亨利伯爵的勝利而告終。此後，民間盛傳這麼一首歌謠：「少了一個鐵釘，丟了一隻馬掌。少了一隻馬掌，丟了一匹戰馬。少了一匹戰馬，敗了一場戰役。敗了一場戰役，失了一個國家。」英國大文學家莎士比亞的名句「馬，馬，一馬失社稷！」更是將這一著名戰役載入史冊，讓後人自警。

人們都想成就一番事業，卻不願意或者不屑於做小事。事實上，在這個分工越來越精細的社會，真正的大事實在太少，更多的是具體的、瑣碎的小事。老子曾經說過：「天下大事，必作於細。是以聖人終不為大，故能成其大。」因此，欲成就大事，就得從小事做起。

小細節並非真的微不足道，它們往往孕育著大機會。人們總是把機會看得很重，偏執地把機會的得失歸結於天時、地利等客觀因素上，而不從自身找原因。殊不知，成功之人從不忽視任何一個小細節，不放過任何一個可能的機會。如果你能腳踏實地地從每一件小事做起，再平凡的你也會變得不平凡。

要勇於承認錯誤

史蒂芬是位美國小夥子，他在一家裁縫店學成出師後，便來到德克薩斯州的一個城市開了一家自己的裁縫店。由於他工作認真，而且價格又便宜，裁縫店的名聲很快就聲名遠揚，許多人慕名而來找他做衣服。有一天，風姿綽約的哈里斯太太讓史蒂芬為她做一套晚禮服，然而等史蒂芬做完的時候，卻發現袖子比哈里斯太太要求的長了半寸。但哈里斯太太馬上就要來取這套晚禮服，史蒂芬已經來不及修改了。

哈里斯太太來到史蒂芬的店中，她穿上了晚禮服在鏡子前照來照去，同時不住地稱讚史蒂芬的手藝，於是她按說好的價格付錢給史蒂芬。沒想到史蒂芬竟堅決拒絕。哈里斯太太非常納悶。史蒂芬解釋說：「太太，我不能收您的錢。因為我把晚禮服的袖子做長了半寸。為此我很抱歉。如果您能再給我一點時間，我非常願意把它修改到您需要的尺寸。」

聽了史蒂芬的話後。哈里斯太太一再表示她對晚禮服很滿意，她不介意那半寸。但不管哈里斯太太怎麼說，史蒂芬無論如何也不肯收她的錢，最後哈里斯太太只好讓步。

在去參加晚會的路上，哈里斯太太對丈夫說：「史蒂芬以後一定會出名的，他勇於承認錯誤以及一絲不苟的工作態度讓我震驚。」

哈里斯太太的話一點也沒錯。後來，史蒂芬果然成為了一位世界聞名的服裝設計大師。

關注小錯誤是每一個成功者必備的素質。如果你仔細觀察就會發現，成功者從來不會因為錯誤小就放過錯誤，他們一律都是採取認真對待的態度。

不要放過小錯誤

在工作中，有很多人常常好高騖遠，不願意踏踏實實地工作，特別是工作中出現一些小問題，發現了一些小錯誤從不願深究，聽之任之。他們的論點是：假如我所犯的錯誤性質十分嚴重，該由我承擔責任的，我一定會承認，也願意承擔所有的責任；但如果是芝麻大的一點小錯，再去那麼認真計較，難免有點小題大做，根本沒有這個必要。但如果你要是這樣看待錯誤，那你就大錯特錯了。

要知道工作無小事，更無小錯，有時1％的錯誤卻會帶來100％的失敗。在一次登月行動中，美國的飛船已經到達月球但卻無法著陸，最後以失敗告終。事後，科學家們在查找原因時發現，原來只是一節價值三十美元的電池出了點問題。起飛前，工程人員在做檢查時只重點檢查了「關鍵部位」而把它給忽略了。結果，一節三十美元的電池卻讓幾十億美元的投資和科學家們的全部心血都付諸東流，這個錯誤難道還算小嗎？

差之毫釐，謬以千里，任何一個小小的錯誤都有可能引起嚴重的甚至致命的後果，造成不可挽回的損失。所以說，如果想把工作做到位，就應從小錯開始。假如你總是無視小錯，而不去關注它、改正它，那麼，失敗和低水準表現就會變成理所當然的事。大錯是錯，小錯也是錯。如果覺得小錯無關緊要，不去及時地加以改正，卻要等小錯變成大錯時，那麼就已經悔之晚矣了。有小錯的時候，我們應該早發現，早承認，早治理，只有這樣，我們才能在成功的路上穩步前進，我們才能飛得更高。

【智慧語錄】

做大事的人都是從做小事的過程中總結出經驗來的，所以，做大事的人一定能做得了小事，不屑於做小事的人一定做不了大事。所有的成功者都不是一開始就很成功的，他們的人生路也是從最基礎的小事情做起的，並且在做這些小事的時候是在用心做，一點一滴地總結經驗，在小中見大，在小中昇華。

一板一眼的做事風格

「認真工作，更認真地工作，工作到底。」

——德國政治家，俾斯麥

一板一眼不是壞事

有一位來自伊朗的留學生，他每天都定時做五次禮拜，從不間斷，甚至為了做禮拜，往往中斷正在進行的工作，朝著聖地麥加所在的方向五體投地。他對旁人的眼光視若無睹，口中念誦著：「阿拉是唯一的真主，穆罕默德是阿拉的使者。」如果換成華人的話，心裡一定會想：「唉呀，不做算了，反正這裡又沒有志同道合的人，何況又是身在國外，不做也沒有人知道。」可是這位伊朗籍學生還是相當認真，一板一眼，因為他認為虔誠地、踏實地做禮拜就是天大的事。

說到這裡，還不得不提起日本企業來，他們一板一眼做事也是出了名的。在一般人的印象中，如果在一家公司裡發現一群不打領帶、身著休閒服裝的人，很可能認為這是一家美國公司；而如果一個公司裡男士西裝革履，女士妝容得體，同事見面互相有禮貌地寒喧，那很可能你已經來到一家日本企業。

日資企業的工作環境有其獨特的風格，在日本企業工作的人需要具備很強的責任心，做事不能馬馬虎虎，要一板一眼地跟著做事；要適應並習慣他們計劃性很強的工作方式，久而久之與他人產生默契，對於一件小事都會一再地、反覆地確認、商量。一板一眼的做事風格，事實上才能將事情確實地做好，不會遺留任何的不足與漏洞。

把每項工作當業務

經常聽到某些員工這樣的抱怨：「我每天都辛勤工作，沒有『功勞』也有『苦勞』，為什麼對我的業績評估結果還這麼低？」

這種言論表明有些員工對自己的工作還存在模糊認識。一方面，何為員工的工作目標？是工作任務的本身還是工作任務的結果？另一方面，這也是一個工作價值觀的問題，「苦勞」是否也是「功勞」，是否應是員工所需追求的？

對於企業來說，員工真正應該關注的是工作任務的結果而不是工作本身，單純的工作本身對企業並沒有任何意義和效果，所以企業希望員工努力追求「功勞」，而不是所謂的「苦勞」。

追求「功勞」，而不是「苦勞」，也就是要求員工要以做「業務」的精神對待工作，而不是僅僅局限於「做事」。這是兩種完全不同的工作觀念。所謂做事，就是以所做的工作內容為目標。比如，完成了一次客戶溝通交流，寫完了一個專案，進行了一次異地出差等等。其工作方式盲目注重形式與過程，只關心做了哪些事情，完成了多少工作量。

而做業務，則是要求員工工作時要追求並實現業務效果，而不是業務事件本身。比如，對於客戶溝通，是以瞭解客戶需求為目標；對於一個專案，是以解決客戶面臨的業務問題為目標；對於異地出差，則是以打開當地市場，解決實際問題為目標等。

這兩種觀念雖然都體現著對結果的關注，但關注的層面不同。前者關心的是做事，做了多少事情，費了多少苦功；而後者則在做事的層面上進了一步，關心的是達到什麼目標，做事本身僅是一種行為手段。

此外，兩者對工作責任的理解也不同，「做事」認為責任就是把事情做完，做得越多業績越好，至於做的效果，則不需要考慮；「做業務」則是將工作的效果作為自己的責任來看待。前者不需要創新就可以做到；而後者則迫使員工進行創新和技術革新，在目標的起點和終點間設計出各種可能的途徑，並做出最佳的選擇。把工作當成業務來做，你才可能成為上司眼中真正優秀的員工。任何企業的存在與發展，都要以營利為後盾，所謂「在商言商」，公司不是慈善機構，老闆也不是具有菩薩心腸的慈善家，他的最主要目的還是獲得利潤，使生意越做越大。要達到這一目的，作為員工，不僅僅要勤於做事，更要善於做業務，做好業務。

如果你在工作裡的每一階段，總能找出更有效率的辦事方法，你就能提升自己在上司心目中的地位。你就會被提拔，會長遠地被委以重任。因為出色的業績已使你變成一位不可取代的重要人物。

相反，如果你只是勤奮，卻總無業績可言，那麼永遠也不會有什麼起色。受利潤的驅使，再有耐心的上司也絕難容忍一個長期沒有業績的員工。不要責怪上司薄情寡義，一個成功的企業背後，必然有一群能力卓越且業績突出的員工，沒有這些成功的員工，老闆的輝煌事業就無法繼續下去。所以，老闆看重勤奮，更看重業績，勢在必然。

每一名員工都要把自己的工作當成一項業務來做，真正做出卓越的成績來，而不能盲目地為做事而做事，不關心效果。追求「功勞」而不是「苦勞」，是每一個員工必須具備的基本理念。

將平凡的事情做好

肯做還要能做，能吃苦還要會吃苦，要熱愛工作，還要享受工作。肯做、能吃苦和熱愛工作已是五六十年代的觀念。而能做、會吃苦和享受工作則是新經濟賦予我們的理念。也許你勤奮地工作，到頭來卻家徒四壁，一事無成。但是，你如果不去勤奮工作，你就肯定不會有車子和房子，不會有成就。所以，如果你想成功，你就要去做，馬上做，即使你將要做的是一件小事。

有一位老教授說起過他的經歷：「在我多年來的教學實踐中，發覺有許多在校時資質平凡的學生，他們的成績大多在中等或中等偏下，沒有特殊的天分，有的只是安分守己的誠實性格，這些孩子走進社會投入工作，不愛出風頭，默默地奉獻。他們平凡無奇，畢業後，老師同學都不太記得他們的名字和長相。但畢業後幾年，甚至十幾年中，他們卻帶著成功的事業回來看老師，而那些原本看來有大好前程的孩子，卻一事無成，這是怎麼回事？我認為，成功與在校成績並沒有什麼必然的聯繫，但與踏實的個性密切相關。平凡的人比較務實，比較能自律，所以許多機會落在這種人身上；平凡的人如果加上勤能補拙的特質，成功之門必定會向他大方地敞開。」

成功的人永遠比一般人做得更多，當一般人放棄的時候，他們總是在尋找如何自我改進的方法，他們總是希望更有活力，產生更大的行動力。你每天吃過量的飯，睡過頭的覺，不做運動，不學習，不成長，每天在抱怨一些負面的事情，行動力要從哪裡來？記住成功永遠不在於你知道了多少，而在於你採取了什麼行動去做。

所有的知識必須化為行動，因為只有行動才有力量。你是個凡人，你的生命不是無限的，你不可能放棄自己的一切去聽從別人的想法，讓他人操縱你的一生，否則，到一定的時候，你就會悔恨自己。也會埋怨他人。

一個人如果有了腳踏實地的習慣，具有不斷學習的自我努力性，並積極為一技之長下功夫，那麼成功就會變得容易起來。一個肯不斷擴充自己能力的人，總有一顆熱忱的心，他們甘做凡人小事，肯做肯學，多方面向人求教，他們出頭較晚，卻在各種不同職位上增長了見識，擴充了能力，學到許多不同的知識：「跬步不休，跛鱉千里」，跛腳的鱉也能走到千里之外，因為牠總是不懈地向前走；「佛許眾生願，心堅石也穿」，心態堅決可以穿透頑石，足以可見心力的神奇。

凡成就一份事業，都需要付出堅強的心力和耐性，你想坐收漁利，那只能是白日做夢。你想憑僥倖靠運氣奪取豐碩的果實，運氣則永遠不會光顧你。

做任何事都要嚴謹

在日本，河豚被奉為「國粹」，河豚肉質細膩，味道極佳，但這種魚的味道雖美，毒性卻極強，處理稍有不慎就有可能致人於死。在中國，每年因食用河豚中毒、死亡者都達上千人，但同樣是吃河豚，在日本卻鮮有中毒、死亡的事情發生。

日本的河豚加工程序是十分嚴格的，一名專業的河豚廚師至少要接受兩年的嚴格培訓，考試合格以後才能領取執照，開張營業。在實際操作中，每條河豚的加工去毒需要經過三十道手續，一個再熟練的廚師也要花二十分鐘才能完成。但在中國，加工河豚就像做普通菜餚一樣，加工過程隨隨便便，烹飪過程也沒有太多的手續。

加工河豚為什麼需要三十道手續而不是二十九道？我們不得而知，我們知道的是日本人很少因吃河豚而中毒，可能經過二十道手續的處理也不一定會死人，但粗糙的處理過程只能帶來粗糙的感覺。從這一點來說，到位的做事風格，一定是經過嚴格的ＳＯＰ

化，一定是一板一眼、認真做事。

日本人喜歡什麼事情都做得很仔細，很有規範。「製表」就是日本企業的一大特點。大大小小的事情都要做成圖表，而且同一件事情要重複做好幾張不同的圖表，小到在公司裡放置老鼠藥的事情也要印成通知四處張貼，日本的員工也一直堅持不懈地服從於這些工作流程。此外，日本企業還有很多類似的做法，如在日本的企業裡，員工每三個月就會各自列出一套工作計畫方案，每一階段也都有詳細的工作安排，然後在工作中完成一項勾掉一項，一絲不苟。

嚴謹認真是日本人的一個十分突出的特點，在日資企業工作過的員工經常給人一種很拘謹、很正規的感覺。在我們看來，日本人的這種做法很多餘，是一種對時間和人力的浪費。但是，我們不知道，就是因為日本企業一直堅持這種流程作業，才為企業和員工帶來很多利益。有人說過，只要在日本企業裡待過，那麼到其他任何公司去工作都沒問題——因為受日企員工的習慣薰染，整個人也會變得有規有矩的：做事認真、有責任心；不會偷懶、不會遲到早退；禮貌待人。

在企業中，做事情一定要一板一眼，凡事都按照流程去做，寧願多花成本、降低做事效率也要保證公司的利益和安全。事實上，嚴格按照流程去做，最後都能達到預期目標，走捷徑、投機取巧有時反而會把事情弄糟。凡事都按照流程去做的話，有些細節就會在操作中一步步被發覺，隱患也就理所當然地被消滅了。

【智慧語錄】

在企業中，做事情要一板一眼，凡事都按照流程去做，寧願多花成本、降低做事效率也要保證公司的利益和安全。只有按流程辦事，才能發現細節中的隱患，並在操作中一步步地把它消除。

做事踏實，一步一腳印

Step by step was the main thing to reach our own goal, it was the only way.

一步一步踏實，這是成功的唯一途徑——前NBA球員，籃球大帝，麥可．喬丹

不積跬步，無以至千里；不積小流，無以成江海

不積跬步無以致千里，不積小流無以成江河。凡成就一份功業，都需要付出堅強的心力和耐性，你想坐收漁利，那只能是做白日夢。你想憑僥倖靠運氣奪取豐碩的果實，運氣永遠不會光顧你。

我們都是平凡人，只要我們抱著一顆平常心，踏實肯幹，保持水滴石穿的耐力，我們獲得成功的機會，肯定不比那些資賦優異的人少。一個人如果有了腳踏實地的習慣，具有不斷學習的自我努力性，並且積極為一技之長下功夫，那麼成功就會變得容易起來。一個肯不斷擴充自己能力的人，總能擁有一顆熱忱的心，他們甘做平凡人和小事，肯做肯學，多方面向人請教，他們起頭雖然較晚，卻在各種不同職位上增長了見識，擴

充了能力，學到許多不同的知識。

有一位年輕人，他總是被公司當作替補人員，哪裡缺人手就被調到哪裡，自己的能力無法正常發揮。這位先生沮喪地向他的同學，現在已是一家公司的人力資源部經理訴苦道：「這樣值得繼續做下去嗎？我覺得自己的專長無法發揮出來。」昔日同學很認真地告訴他，你經常被調到不同單位磨煉，雖然這是辛苦的，但只要你努力肯學，應該也能勝任，否則你的公司不會做這樣的調度。現在，你在工作中的表現第一是努力，第二是努力，第三還是努力，那麼過不了多久，公司員工之中經過最多磨煉的是你，能為公司貢獻才智的也是你，你應該要有這種認知。最後，同學又口授他一條成功秘訣：肯做就是成功，患得患失，拈輕怕重，就會失去成長的機會。受苦是成功與快樂的必經歷程。這位先生聽進同學的話，繼續做下去了，他做得很起勁，一年後，他終於成為公司中最耀眼的新星。

踏實肯做肯學的人，必然博學多聞。機會總是會去敲這樣的人的門。即使是一位資質平平的人，也能鯉魚躍上龍門。

計畫與目標都要做到落實

沒有落實，再好的計畫也是一紙空文；沒有落實，再理想的目標也不會實現；沒有落實，再正確的政策也不會發揮其應有的作用；沒有落實，一切都只是空談。所以，我們做任何事情都要明白一個道理：落實才是道理。沒有落實，一切都是紙上談兵。

「落實」就是把施工藍圖變成大樓的努力，是對計畫、目標、規定一絲不苟地貫徹，是對承諾的義務不折不扣地兌現，是對制度不折不扣地執行。落實，說明了一個公司單位主管的水準；落實，反映出一個公司單位主管的能力；落實，折射出一個公司單位主管的形象。不能落實就說明這個單位工作效率不高，工作能力不強。政策再好，制度再健全，但只有得到落實，才能知道效果。

幾乎任何組織都不缺乏雄心壯志和偉大的目標，恰恰缺少的就是落實的力度。對任何一個組織來說，一旦確定了戰略和目標後，最重要的就是落實。而落實，就是把決策付諸行動，進而取得預期效果。簡單地說，落實就是把嘴上說的、紙上寫的貫徹到實際行動當中，達到預期目標。落實的關鍵在於「行動」，落實的效果在於「結果」。因此，落實不僅要付出行動，而且要取得成果。任何一個偉大的想法除非能轉換為具體的行動步驟，否則毫無意義可言。少了落實，突破性思考和單純的學習不會帶來價值，員工無法完成延展性目標，計畫也會半途而廢。

有家大型國有企業因為經營不善而破產，後來被日本一家財團收購。廠裡的人都在翹首盼望日本人能帶來什麼先進的東西。出乎意料的是，日方只派了幾個人來，除了財務、管理、技術等重要部門的高級管理人員換成了日本人外，其他的根本沒變動。制度沒變，人沒變，機器設備沒變。日方只是把先前制定的制度、方針、政策堅定不移地落實下去。結果不到一年，企業就轉虧為盈了。

日本人靠的是什麼？就是落實，把制度落實到位，把工作落實到位，化口號為行動。任何一個組織都可以成為一個卓越的組織，但前提條件是它的每一個方針和戰略都必須得到徹底的落實。

在落實面前，思想不能代替行動，好的戰略沒有合適的人去貫徹落實，也僅是束之高閣的方案，或是自己描繪的一幅美麗風景，說穿了，就是空想，而這就是對工作組織的謀殺。因此，不管你是企業員工還是部門幹部，沒有落實，一切都是紙上談兵。

踏實做好小事

很多人總是希望能夠去做一些驚天動地的大事情，而不屑於做具體的小事，不屑於認真對待小事和細節，總是盲目地希望「天將降大任於斯人也」。孰不知能把自己所在職位上的每一件事做成功、做到位就很不簡單了。

湯姆．布蘭德，起初只是美國福特汽車公司一個製造廠的雜工，然而他就是在努力做好每一件小事中獲得了成長，並最終成為福特公司最年輕的總領班。在有著「汽車王國」之稱的福特公司裡，三十二歲就升到總領班的職位，的確不是一件容易的事，那麼他是怎樣升起來的呢？

湯姆是在二十歲時進入工廠的，工作一開始時他就想，如果自己想要在汽車製造這一行做一番事業，就必須對汽車的全部製造過程都能有深刻的瞭解。於是，他主動要求從最基層的雜工做起。雜工不屬於正式工人，也沒有固定的工作場所，哪裡有零活就要到哪裡去。因為這項工作，湯姆才有機會接觸工廠的各部門，因此對各部門的工作性質有了初步的瞭解。

在當了一年半的雜工之後，湯姆申請調到汽車椅墊部工作。不久，他就把製作椅墊的手藝學會了。後來他又申請調到點焊部、車身部、噴漆部、車床部等部門去工作。在不到三年的時間裡，他幾乎把這個廠的各部門的工作都做過了。最後他又申請到裝配線上去工作。

湯姆的父親對兒子的舉動十分不解，便問湯姆：「你已經工作三年了，卻總是做些焊接、刷漆、製造零件的小事，恐怕會耽誤前途吧？」

「父親，你不明白。」湯姆笑著說：「我並不急於當某一部門的小領班。我以能勝任領導整個工廠為工作目標，所以必須花點時間瞭解整個工作流程。我正在把現有的時間做最有價值的利用，我要學的，不僅僅是一個汽車椅墊如何做，而是整輛汽車是如何製造的。」

當湯姆確認自己已經具備管理者的素質時，他決定在裝配線上嶄露頭角。湯姆在其他部門做過，懂得各種零件的製造情形，也能分辨零件的優劣，這為他的裝配工作增加了不少便利。沒有多久，他就成了裝配線上最出色的人物。很快，他就被晉升為領班，並逐步成為十五位領班的總領班。

可以說，當雜工是在做一些小事情，湯姆卻可以從中獲得對各部門的工作性質和工作環境的認識，為實現最終的職業目標打下了基礎；做椅墊屬於小事的範疇，湯姆卻可以將做椅墊的手藝透徹掌握，當他晉升為管理者時，他會比其他沒有接觸過椅墊製作工藝的人更懂得如何有效地管理椅墊部門的工作，還有應該注意哪些不同於其他部門的細節問題。

工作中，同樣是做小事，不同的人會有不同的體會和成就。不屑於做小事的人做起事來十分消極，而積極的人會在工作中鍛煉自己、深入瞭解公司情況、加強公司業務知識、熟悉工作內容的機會，利用小事去多方面體味，增強自己的判斷能力和思考能力。

大事是由眾多的小事積累而成的，忽略了小事就難成大事。從小事開始，鍛煉意志，增長智慧，把工作做到位，日後才能做大事，而眼高手低者，是永遠做不成大事的。你面對小事時的心態，可以折射出你的綜合素質，以及你區別於他人的特點。「以小見大」、「見微知著」，通過做小事得到認可，贏得人們的信任，你才能得到做大事的機會。

●管理也要一步步抓

對複雜的集團人事，海爾集團的張瑞敏是如何管理的呢？海爾集團在整個組織網路上分成三個層次：集團總部是決策中心，事業部是利潤中心，工廠是成本中心，大家各司其職。張瑞敏只管理幾個事業部的負責人，對具體業務從不越俎代庖。張瑞敏說自己只是找思路、談思路。

但是讓下屬去做具體事務，並不等於最高領導者就是放開管理不問，天天只想什麼戰略、決策、謀劃、創意。企業領導者對於管理必須有足夠的認識，對管理之事安排妥當。他不一定要親自去抓每一件事，但要保證企業的各項事務都有人去抓、有人去管，而且管得有條理、有效益。張瑞敏在推行管理模式時，非常注意尺度的掌握。力度大一點、小一點，早一點、晚一點都會出現不同的效果。打個比方，開年終總結會，今天下午開會，中午就應該把年終獎金發給大家，早發兩天晚發兩天都起不到作用。中午發了獎金，大家情緒正高漲的時候，高層交代什麼底下的員工都聽得進。可如果提前兩個禮拜或拖後兩個禮拜發錢，總結會肯定什麼效果也沒有。就這麼點小事，操作上卻大有學問。另外，他們發獎金是根據上半年工資的平均值來發，與員工每個月工作情況都有關，這就要求員工平常時時刻刻都要好好做。而別的公司就不一樣了，大家發平均獎，每人都領同樣的獎金，這樣做得好的人就會吃虧。

管理這種東西總是說起來精彩，做起來枯燥。所以，領導者要想管理好企業，必須腳踏實地，吃苦耐勞地按部不懈。

在回答記者海爾成功的秘訣時，張瑞敏說：「許多到海爾參觀的人提出的問題跟企業管理最基礎的東西離得太遠，總是覺得好的企業在管理上一定有什麼靈丹妙藥，只要照方抓藥之後馬上就可以一路飛了。好的思路肯定非常重要，飯要一口一口的吃，基礎管理要一步一步地抓。」

張瑞敏在一九九六年海爾正在快速發展時還一再強調：「目前，我們的一些中層幹部目標訂得很大，但工作不細，只在表面上號召一下，浮浮誇誇，馬馬虎虎，失敗了不知錯在何處，成功了不知勝在何處，欲速則不達。」他的行動風格是，凡欲成就一件大事，事先都要做艱苦且周密的策劃工作，對過程還要進行嚴密的監控。

海爾要求把生產經營的每一瞬間管理住。在海爾，從上到下，從生產到管理、服務，每一個環節的控制方法儘管不同，卻都透出了一絲不苟的嚴謹，真正做到了環環相扣，疏而不漏。如海爾生產線的十個重點程式都有品質控制台，每個品質控制點都有品質追蹤單，產品從第一道程式到出廠都建立了詳細檔案。產品到使用者家裡，如果出了問題，哪怕是一根門封條，也可以憑著「出廠記錄」找到責任人和原因。海爾的精細化管理與國際是接軌的，國際名牌產品的生產經營流程要求每一個工作環節都能得到控制。

【智慧語錄】

人才是磨煉出來的，人的生命具有無限的韌性和耐力，只要你始終如一地腳踏實地做下去，無論在怎樣的處境，無論大事或小事，都不放鬆自我，不自暴自棄，你便可以創造出令自己和他人都震驚的成就。

把簡單的東西量化

複雜的事情簡單化，簡單的事情重複做。

簡單標準不簡單

在許多人的印象中，思維方法彷彿與複雜結緣：他們不僅把問題看得複雜，更把解決問題的方式變得複雜，甚至鑽到「牛角尖」裡無法出來。學會把問題簡單化，是頂級智慧的體現。

麥當勞規定：在雞腿烤出二十分鐘後，如果沒有賣掉就一定要丟掉，對很多餐廳來說，別說二十分鐘，就是過了兩個小時也捨不得扔掉。雞腿烤出二十分鐘內就要被消費掉，這就是標準，這就是麥當勞能夠在全球迅速擴張的真正原因。

請仔細想一想，要達到這樣一條看似簡單的標準，背後需要做多少細緻的工作！比如，客人太多漢堡不夠賣時，現烤肯定來不及，這就要讓客人等，很可能失去顧客；而客人少烤的雞腿又太多時，又只好扔掉，這會大大增加經營成本。

所以，既不能不讓客人等，又不能烤的太多而浪費，這就需要對顧客需求進行詳細的紀錄，找到一個客人數量與烤雞腿數量的一種合理的比例關係，這樣才能保證兩者不誤。單單是烤雞腿一項，其他食品以及服務還有相應的標準要去執行，可見這其中的細節是多麼複雜了。事實上，凡事只有將事情量化，才能更加合理，更加有秩序的順利完成。

把握問題的實質

要想簡單，就要學會刪去與問題本質無關的資訊，並善於抓住根本意義，用最簡略的形式對問題進行表述。

愛迪生有位叫阿普頓的助手，出身名門，是頂尖大學的高材生。在那個門第觀念很重的年代，阿普頓對小時候以賣報為生，自學成才的愛迪生很有些不以為然。一天，愛迪生安排他做這樣一個計算梨形燈泡容積的工作，他一會兒拿尺規測量、一會兒計算，幾小時過去了，他忙得滿頭大汗，但就是算不出來。

這時，愛迪生進來了，他看看面前堆了一疊稿紙的阿普頓，明白了是怎麼回事。於是拿起玻璃燈泡，倒滿水，遞給阿普頓說：「你去把玻璃燈泡裡的水倒入量杯，就會得出我們所需要的答。」

阿普頓這才恍然大悟：唉呀，原來這麼簡單！從此，他對愛迪生產生了深深的敬意。其實很多事物原本是很簡單的，但人們往往把它們複雜化，而將問題複雜化的主要原因就是沒有把握問題的實質。

英國一家報紙曾舉辦一項高額獎金的有獎徵答活動。題目是：一個充氣不足的熱氣球載著三位關係世界興亡的科學家。第一位是環保專家，他的研究可拯救無數人因環境污染而面臨死亡的厄運；第二位是核武器專家，他有能力防止全球性的核戰爭，使地球免予被毀滅的絕境；第三位是糧食專家，他能在不毛之地，運用專業知識成功地種植食物，使幾千萬人脫離因饑荒而死亡的命運。

此刻熱氣球即將墜毀，必須丟出一個人以減輕載重，使其餘的兩人得以存活，請問該丟下哪一位科學家？

問題刊出之後，信件如雪片飛來。在這些信中，每個人皆殫精竭慮地闡述他們認為必須丟下哪位科學家的原因。

最後答案揭曉，巨額獎金的得主是一個小男孩。他的答案是：將最胖的那位科學家丟下去。

看了這個故事，我們有什麼感想呢？我們要判斷的問題是如何丟出一人以減輕載重，使得其餘兩人得以存活，而不是判斷環保專家、核武器專家、糧食專家哪一個才是人類不可或缺的科學家。

將每一個細節量化

量化細節，管理工作才能做得更透徹。往往公司管理者在談到內部管理時總是會大談制定的規章制度、什麼工作流程、工作手冊有多麼全面，但是他們卻往往會忽視內部管理的精髓，即管理細節的量化。缺乏「量化」意識的管理者經常會覺得下屬辦事不力，讓下屬照辦的事沒照辦，讓下屬抓緊的事沒抓緊，總之就是未能達到自己預想的效果。究其原因，往往是因為他們在分配工作或制定規章制度時沒有使用可量化的標準，最後就會出現一人一個結果，降低了效率，耽誤了工作。

細節的量化就是在管理中將工作內容及制度以量化的形式提出要求，並使之涵蓋工作全過程。我們經常看到服務性質的公司單位會掛一個標語：「微笑服務」，到底怎樣的笑稱為微笑？美國的跨國零售企業沃爾瑪，規定員工面對顧客要常露微笑，後面寫的注釋是「露出八顆牙」，量化細節，露出八顆牙就是真的在笑了。很多公司都以通過ISO9000品質體系認證為榮，實際上也是因為認同了該認證體系能將工作流程中的很多細節量化。

具有細節量化意識的管理者在分配工作時，通常會將具體時間、完成數量、達到什麼品質要求等等貫穿在整項工作的過程中。他會盡可能將每一個細節量化，希望將管理工作做得更透徹、更精細一點，同時也更規範更有秩序，為員工做好參考。

在工作當中，你對要分配的工作該有個全面的瞭解，因為只有這樣你才能向授權的員工講清楚工作的目的和預期的專案結果。許多管理者常做籠統和模糊的工作分配，而如果員工對所接受的任務——尤其是在最初分配時所接受的任務認識不清時，他的工作表現便很難達到你的預期要求。

舉個例子說，如果一位人事部經理只要求一名專管福利的員工去「設計一種新的員工福利計畫」，這即是忽略了許多基本資訊。完備的談話應該是：「我們想找一個新的保險公司，條件是他們提供的保險更傾向於保護顧客利益，能提供更全面的保險，但保險費卻更低。你去看看是否能找到至少三家福利條款較合理、能使我們的保險費用比去年的總額至少減少3％，同時又能在各個方面提供相同福利水準的保險公司。」

總之，不確定性的指揮，在不同員工中會產生不同的效果。對於高素質的員工當然可以盡善盡美地完成上司分配的工作。但對於素質一般的員工，認知就會產生偏差。其實回到本質上，管理就是一門通過別人完成任務的藝術。管理者水準的高低，不在於你能讓高素質的員工把事情辦好，更重要的是讓素質一般的員工把工作做好，讓每一位員工在執行同一項命令時，能夠按照管理者的意思，把工作量、工作質、按時完成好，這才是領導高素質和管理藝術的反映。

也許你會覺得細節的量化是件繁瑣而複雜的事，甚至一不小心還會讓人跌入「量化陷阱」：出現偏差的量化、大而全的量化、瑣碎細節的量化。但是做細節的量化並不需要花太大的成本，關鍵就看你能不能去做。

一位企業家說得好：「認真做事只是把事情做對，而用心做事才能把事情做好。」，這就要求我們管理者必須用心做事，加快培養細節量化意識，不斷創新細節量化制度。讓員工的積極性得到充分的發揮，而且產品和服務品質也能得到不斷的改進。

量化三要素

在量化管理中有三個要素，它們是從上到下安排任務的執行標準：時量、數量和品質。

「時量」主要是指完成任務的時間；「數量」是指所完成任務的數量；「品質」則是任務要達到的標準。這三個要素相互依存，如同三維空間中確定一點位置的三個座標，缺少任何一個都會出現偏差，影響到準確性。

為了使大家能夠更細緻地瞭解自我量化管理的方法，我們下面將把工作任務的標準做進一步的分析。

首先，我們要瞭解工作任務的種類。

在量化任務之前，需要對每個職位的工作任務有一個定性的認識，明確知道任務屬於什麼類型，只有做到心中有「數」，才能進一步地對任務進行操作。職位工作任務從內容和性質上可分為管理性職位和技術性職位；從發生機率和頻率可分為可見性任務和突發性任務。

其次，我們要分解工作任務。

在分解工作任務時，我們可以把以前的工作任務進行總結，然後再分解成多個細節。在這裡有一點是應值得注意的，就是這些工作細節必須是由點組成的，它也是多個最小的細節點，直到這些點不可再分為止。主要包括：

——工作任務名稱，所反映的是「做什麼」的工作特點。

——簡明的內容和過程，概括說明本項工作任務的相關指標、方法和操作步驟等，要做到明白易懂。

——完成任務所要達到的標準。比如數量、時間等，這一步驟是最關鍵部分，越詳細越好，並要記住這些資料，以便做到心中有數。

再次，我們要做的是把細節加入到工作行動中。

把分解後的工作細節一一應用到工作行動中，在進行中每一步都緊靠細節要求。只要按照這三個步驟完成工作任務，總體來說可以有效地避免了「上司不滿意，下屬無功績」的現象，不必讓主管在安排任務時總說一些「趕快去辦」或「抓緊去辦」之類的催促之詞。

在企業中，如果每個員工都建立一套自我量化管理法，一定會在工作中發揮有效的防範作用，使工作有成績可觀。

【智慧語錄】

很多時候，簡單的方式才能最好地解決問題。想要成功地解決問題，並不一定非要經過煩瑣複雜的程式，別把自己的思想局限於一點，想得簡單一點，很多事情就能輕而易舉地解決。

把做完的事情系統化

「我們不應該像螞蟻，只是收集食物；也不可以像蜘蛛，只從自己腹中抽絲；而要向蜜蜂一樣，採集之後加以整理消化，這樣才能釀出香甜的蜂蜜。」

——英國哲學家，培根

工作需要有條理

不管我們把一件事情做得怎麼樣，是成功還是失敗，都能從中學到東西，一個懂得學習的人會進行認真總結，一個傑出的企業會把做完的事系統化。

很簡單，以寫說明書為例。微軟的說明書都非常厚，因為它在實踐中不斷總結經驗，而國內企業生產的如果是同樣的一個產品，說明書就只有很小的一個小冊子。

我們總覺得這麼簡單的東西哪裡需要寫得這麼詳細，這簡直就是在浪費時間。其實在一片沒有路的土地上，開闢一條路是要花費時間的，如果我們把自己走過的路進行歸納和總結，可以讓別人踩著自己開闢的路走過去，就能給別人節省很多時間。如果每個人都想自己開一條路，不管是羊腸小徑，還是崎嶇山路，只要自己覺得能過去就行了，哪管後人那麼多，那我們的社會永遠不會進步。

做事是否有條理是判斷一個人做事嚴謹程度的尺規。能力再強的人。如果工作沒有秩序，從開始就埋頭於工作，勢必會把工作弄得一團糟。條理分明能提高工作效率，使你不但掌握自己的生活，也會有更多的休閒時間。

形成有系統做事的習慣

有一間航空公司曾經發生過一起飛行事故，飛機升空後起落架無法收回。問題處理過後，航空公司寫下了第一張SOP（標準作業規範）。其中還說明了如何不要忘記起落架上面的插銷，因為那次事故就是插銷沒有拔的緣故。飛機機身有任何地方在維修，都要繫上一條紅絲帶。另外插銷要怎麼拔，拔了以後要後退幾步，手要怎麼舉起，飛行員怎麼看到，大家怎麼打手勢等等都有十分詳細的標準。再出現任何問題就可以查閱SOP，找出問題的所在。

我們都知道消防隊員行動特別迅速，如果像我們一樣慢吞吞，一棟房子早燒光了。可是你有所不知，在消防隊裡，每個消防隊員所有的工具都必須非常嚴謹地合理放置；晚上入睡，消防隊員的衣物怎麼穿，怎麼脫，如何擺放，也都有十分明確的規範。否則，警報響起來，靴子找不到鞋帶，褲子配不著皮帶，怎麼辦？這都是消防員在工作中一點一點摸索出來的，他們把自己的所有經驗形成了一個高效快速的反映系統。

出於這樣一種認識，我們每個人都應該把做完的事系統化，在建立個人的工作系統之前，要堅持這樣三個原則：第一要規範，第二要認真，第三要研究。只有每一件小事都以認真的態度、規範的方法去研究它，做好它，把它形成一個有條理的系統，才有可能做出大事業來。

把每一件做過的事都形成系統的習慣，並不是一件容易的事。因此，把工作系統化不是一朝一夕的事情，需要長期的堅持，一個月不行，三個月，三個月再不行則更久，慢慢地就可以養成一種習慣，習慣了，不做反而會感覺缺少了點什麼，這時就成了自然而然的習慣了。

讓工作「頭緒化」

其實在我們身邊，很多人都經常感歎：工作很忙，也很亂，一點頭緒都沒有，特別是在進入一個新的工作單位或者剛進行一個新專案的時候，這種情況顯得更加明顯，很多人就是因為「一團糟」的工作狀態，使得最終沒能將工作做徹底，出現失敗的結果。

對於很多人來說，工作很可能都是一團亂麻，可是這其中有的人成功了，而有的人失敗了。雖然說成功有成功的理由，失敗也有失敗的原因。細細分析之下，我們不難發現，在這些成功者身上有一個共同的特點：善於釐清工作的步驟，讓自己的工作「頭緒化」。

或許很多人對「頭緒化」的工作沒有什麼切身感受，也就不能體會到這種工作方法的魅力之所在，但是著名主持人陶晶瑩對此卻深有體悟。

陶晶瑩從歌手轉型為節目主持人之後，似乎就沒有空閒過，她的工作日程總是排得滿滿的。

僅憑她主持過的節目大家就可以看出這一點：《大學生了沒》、《華人星光大道》、《姊妹淘心話》、《娛樂新聞》等，還架設了女人網站「姊妹淘」，擔任總編輯職位，同時她還寫書，身兼作者身分。最重要的是，她已經是一名母親，更是一位妻子……這一連串的任務放在誰身上都可能會出現忙亂的景象。陶晶瑩忙歸忙，卻從來不亂，在螢幕上出現的她給人的感覺總是那麼的穩重、自然且風趣，特別是她的神態，更是一副穩定自若的樣子。

她非常會管理時間，並且為自己的行程做妥善安排，更重要的是，她從不浪費時間，她的網站工作夥伴之一貝莉曾經說，某年情人節，網站改版需要寫篇文章，她利用陶晶瑩節目空檔請她先過目一下稿子，但不到十分鐘後，陶晶瑩就把稿子改好了。也就是說，即使是在節目的空檔，陶晶瑩仍不忘抓緊細瑣時間來處理她可以處理的事，貝莉還這麼說道：「跟陶姊開會真過癮！她開會通二十分鐘就結束，說話簡短有力，也不時提醒我們『講重點』！」

當然，陶晶瑩不僅做好了自己的本職工作，同時也在繁忙的工作中擔任好母親與妻子這個角色，婚後的她開始訂定了生活上的時間管理，她配合小孩的作息在晚上十二點前就寢，早上起床送小孩上學後，則擁有了一早上的時間可以看書，寫作或是開會。到了晚上工作完回家，就把握與孩子和丈夫相處的時間。

職銜的複雜也決定了她工作的繁雜，但是在繁雜的工作面前，陶晶瑩依然做得很好、工作做得很到位、很徹底，這和她善於理清自己動作的頭緒是分不開的。

由此我們可以得出一個結論：要想在職場之中提高自己的職場競爭力，除了要提高自己的能力之外，還有一點非常重要：讓自己的工作頭緒化，不要因為忙而變得亂，因為亂而變得更忙，最終失敗而終。

【智慧語錄】

有計劃的工作和沒有計劃的工作完全是不同的。為什麼很多人在做某一件事情的時候，時間非常充足，而做另一件事情的時候時間卻往往不夠用？原因很簡單：他們沒有將時間進行統籌規劃，在時間寬裕的時候還可以做點別的事情，從而改變時間不足時捉襟見肘的境況。

耐心一點，專注一點

「耐心和恆心總會得到報酬的。」

——物理學家，愛因斯坦

累積專注，一步步迎向成功

一個人在工作時，如果注意力分散，不是在思考手頭上的工作，而是想著其他的事情，或同時在做其他的事情，工作效率就會大打折扣。以專注的態度對待自己的工作，是實現把工作做徹底的基本前提。即使是一個能力很高的人，如果他在工作的時候不能對自己的工作做到專注，那他也將很難把工作做好。而且也沒有哪個老闆會喜歡做事三心二意的員工。

在工作中做到專注，一次做好一件事，也是每個成功人士獲得成功的秘訣。因《後宮甄嬛傳》一炮而紅的演員孫儷，就是靠著專注的個性，一步步地走向了今天成功。

假如你看到體重達八噸的大鯨魚，躍出水面七公尺，並向你表演各種特技，你一定會發出驚歎。確實有這麼一隻創造奇蹟的鯨魚，牠的訓練師披露了訓練的奧秘。

在剛開始時，他們先把繩子放在水面下，使鯨魚不得不從繩子上方通過，每通過一次，鯨魚就會得到獎勵。漸漸的，訓練師會把繩子提高，只不過每次提起的高度都很小，這樣才不至於讓鯨魚因為過多的失敗而感到沮喪。就這樣，隨著時間的推移，這尾鯨魚竟然就在不知不覺中躍過了七公尺的高度。

就像這尾鯨魚一樣，每一個卓越員工的經歷雖然各有不同，但有一點是相同的，那就是他每天的工作總比別人多一點點，哪怕只多百分之一。正是這一個個百分之一的相加，才造就了非常可觀的成就。

時間最能考驗人的意志，困難最能磨煉人的意志。執著似乎與順境無關，但在人生和事業的追求過程中，困難和挫折在所難免，面對這一切，堅守和執著進取的意義就會非常突出。

專注一時者眾，而專注數載者寡。許多大事之成，不在於力量大小，而在於堅持多久。正如貝多芬所言：「涓滴之水終可磨損大石，不是由於它力量最強大，而是由於晝夜不捨的滴墜！」蝸牛爬得多慢，但牠永不停歇，也能爬到目的地；螞蟻的力氣不大，但牠一點一點地挪動，能把比牠體重大得多的食物搬回家。凡事，只有耐心一點，專注一點，才能確確實實的做好。

專注就要集中注意力

專注的可貴之處，就在於耐得住寂寞，經得起時間的考驗，在困難和挫折面前始終堅持不懈，並尋求重點突破，最終剷除困難，終至成功。

目標是需要推進的。但建立目標的過程是最容易受到干擾的，因為這時候還沒有目標，人的精神狀態是相對比較懈怠的，因此更需要有毅力，知道怎麼做才有利於儘快地確立目標，所以這個時候我們應該要排除重重的干擾。

專注是指一個人的注意力高度集中於某一事物的能力。注意力的集中與否直接關係到一個人的某項工作或事業是否能夠取得成功。學習專注是所有學者的共同特徵。著名的科學家牛頓就是個注意力高度集中的人。

牛頓一生中的絕大部分時間是在實驗室度過的。每次做實驗時，牛頓總是通宵達旦，注意力非常集中，有時一連幾個星期都在實驗室工作，不分白天和黑夜，直到把實驗做完為止。

有一天，他請一個朋友吃飯。朋友來了，牛頓還在實驗室裡工作。朋友等了很長時間，肚子很餓，還不見牛頓從實驗室裡出來，於是就自己到餐廳裡把煮好的雞吃了。過了一會，牛頓出來了，他看到碗裡有很多雞骨頭，不禁驚奇地說：「原來我已經吃過飯了。」於是，牛頓又回到了實驗室工作。牛頓注意力高度集中到了做實驗上，竟然還忘記自己有沒有吃過飯。正是這種高度集中的注意力，使牛頓在科學的領域建立了豐碩的成果。

專注要有明確的目標

一個人只有專注於一個目標，才能在這個目標上獲得成功。

法國著名作家巴爾札克年輕的時候，曾經營出版業和印刷業，但由於經營不善，他的企業破產了，並欠下了巨額債務。債權人經常半夜來敲他的家門，警察局發出通緝令，要立即拘禁他。那時的巴爾札克居無定所，後來實在沒有辦法，在一個晚上，他偷偷地搬進了巴黎貧民區的一間小屋裡。

他隱姓埋名，躲進這間不為外人所知的小屋子裡。周圍的難民根本沒有注意到這位有些落魄，卻躊躇滿志的年輕人，他終於從原先浮躁不安的心境中平靜下來。他坐在書桌前，認真地反思著，多年以來，自己一直遊移不定，今天想做這行，明天又想改行做別的，始終沒有集中精力來從事自己最喜歡的文學創作。想著想著他突然頓悟了，巴爾札克驀地站起來，從儲物櫃裡找出拿破崙的小雕像，放在書架上，並貼了一張紙條：「彼以劍鋒創其始者，我將與筆鋒競其業。」拿破崙想用武力征服全世界，他沒做到，而巴爾札克卻要用筆征服全世界。

果然，巴爾札克在文學上取得了巨大的成就。

由此可見，一個人做事一定要專注。今天想當銀行家，明天又想做貿易家，後天又想成為藝術家的人，一生註定無所適從，一事無成。德國哲學家黑格爾說：「一個善於限制自己的人，才有指望成功。」這是因為人的欲求太過旺盛，要限制自己的某些願望，才能讓注意力集中至最主要的願望上。

別太貪心，你越是貪心，什麼都想要，每一種都要了一些，但沒有一樣是專精的，最後你只能做一個可憐的乞丐！

專注更在於執著

一個農場主人不慎將一隻名貴的金錶丟失在穀倉裡，他到處搜尋，結果仍然毫無蹤跡。於是就在農場門口貼了一張告示：凡是找到金錶的，獎賞一百美元。面對重賞的誘惑，人們竭盡全力四處查找，無奈穀倉內穀粒成山，還有一大堆成捆的稻草，想在其中找回金錶如同大海撈針。

太陽下山了，金錶還是渺無蹤跡。大家費盡心機，一無所獲，開始紛紛抱怨金錶太小、穀倉太大、稻草太厚。天漸漸暗了下來，大家更是無法尋找了，於是一個個放棄了一百美元的誘惑。

但是，只有一個衣衫襤褸的小男孩仍然毫不氣餒，繼續在穀堆裡尋找。他已經整整一天沒有吃飯，但是，為瞭解決家境的困難，他渴望能找到金錶，讓父母和兄弟姐妹吃上一頓飽飯。

夜已深了，男孩也累了，他躺在稻草堆裡歇息一會兒。突然，他聽見一個奇特的聲音「滴答滴答」地響。他頓時屏住了呼吸，認真傾聽。穀倉更加安靜，滴答聲響更加清晰。男孩循著聲音終於找到了埋藏在穀堆深處的金錶，最終得到了一百美元。成功的機會就在執著的過程中。沿著一個方向，認準一個目標，排除各種雜念，拒絕各種誘惑，信心十足地走下去，最終一定會有所收穫的。

在荷蘭，有一個國中剛畢業的年輕農民，來到一個小鎮，找到了一份替政府看門的工作。他在這個守衛的職位上一直工作了五十多年，他一生沒有離開過這個小鎮，也沒有再換過工作。

也許是工作太清閒，他又太年輕，他得打發時間。他選擇了又費時又費工的打磨鏡片當自己的業餘愛好。就這樣，他磨呀磨，一磨就是六十年。他是那樣的專注與鍥而不捨，他的技術已經超過專業技師了，他磨出的複合鏡片的放大倍數，比他們的都要高。借著他研磨的鏡片，他終於發現了當時科技尚未知曉的另一個廣闊的世界——微生物世界。從此，他聲名大振，只有國中學歷的他，被授予了他看來是高深莫測的巴黎科學院院士的頭銜。就連英國女王都到小鎮拜會過他。

創造這個奇蹟的小人物，就是科學史上鼎鼎有名的，活了九十歲的荷蘭科學家雷文虎克，他老老實實地把手頭上的每一個玻璃片磨好，用盡畢生的心血，致力於每一個平淡無奇的細節的完善，他終於在他的細節裡看到了他的上帝，科學也在他的細節裡看到了自己更廣闊的前景。

一個人無論作任何的事情，如果你能執著地把手上的小事情做到完美的境界．你才能成為一個成功的人物。

專注於眼前的工作

汲取成功人士一次做好一件事的理念，當你在工作中集中精力，專注於眼前工作時，就會發現自己獲益匪淺。

蓋爾克是西門子中國區第一任銷售總經理，為德國西門子公司的電器產品佔領中國市場立下了汗馬功勞。蓋爾克告訴別人說：「從我在西門子工作起，就始終告誡自己，工作要專心致志，一次只做好一件事。近二十年來我一直堅持這個信念，在西門子的市場部、產品銷售部都工作過，如果說取得了一點成績，這就是其中的原因。」因此，蓋爾克在工作中，能夠做到每次集中精神在同一件事上，使自己不被其他的事情干擾，這是他工作取得很大成效的主要原因。

相反，如果你在工作過程中定不下心來，就不能集中精力把事情做好。往往是欲速而不達，任何事情也辦不成。

【智慧語錄】

無論做什麼工作，都要能沉下心來，腳踏實地全心全意地去做。一個人把時間花在什麼地方，就會在那裡看到成績，只要你的努力是持之以恆的，這是非常簡單卻又實在的道理。可是，許多員工還是三天打魚，兩天曬網。這樣是永遠也不會看見成就的。工作雖然累，但是如果你認真地、全心全意地去做，工作就會將你帶進成功的天堂。

第三章

標準要高，要求要嚴

在職場上，做任何值得做的事情，都應該做的盡善盡美。在工作當中，優秀的員工，應該對自己有嚴格的要求，要不斷的提升自己，既不做經驗的奴隸，也不能忽略細小的事情，同時做事要更超出老闆的期望。

簡單不等於容易

「使一切儘可能簡單，但卻不容易。」——物理學家，愛因斯坦

簡單但要做到紮實

電影電視裡的武打橋段總要設計一些奇招、怪招、絕招，觀賞性是很強，但大多不符合實際生活，武術本沒有絕招，事實上簡單的招式練到極致就是絕招。

在實際生活和工作中，不管是解決問題、處理事務，還是策劃市場、管理企業，也都不會有什麼絕招。大量的工作都是一些瑣碎的、繁雜的、細小事務的重複。這些事做成了、好了，並不一定能見到什麼成就；但一旦做不好、做壞了，就可能會使其他工作和其他人的工作受連累，甚至把一件大事給弄垮了。

什麼叫不簡單，就是把簡單的事情千百遍都能做得很好；什麼叫不容易，就是大家都認為非常容易的事情你能認真地去做好它。話很樸實，卻很深刻。不管是對於公司，還是個人，最重要的是將重複的、簡單的日常工作做精細、做專業，並恆久地堅持下

去，做到位、做扎實。獲得成功的人一定是犯錯誤最少的那個人。

那麼什麼叫恆久地做到位、做扎實呢？舉一個例子：評價一個人能力的強和弱，不能僅以一次舉起兩百斤的啞鈴來衡量，如果下定決心，很多人都可以做到。但是，要將一件簡單的事堅持不懈、始終如一地做好就不易了！

比如拿一根繡花針，沒有人辦不到，但是如果要求你以一個姿勢拿著，走上幾公里或者保持幾個小時，有幾個人可以做到？

最優秀的人是想方設法完成任務的人，最優秀的人是不達目的誓不甘休的人，最優秀的人是「為了一個簡單而堅定的想法，不斷地重複，最終使之成為現實」的人，這就是一個有成效的員工最不為人知卻最重要的技能。無論在工作還是在生活當中，我們都應該謹記，簡單的事情並不就是容易的事情。

注重生活小細節

生活中充滿了細節，那些看來非常偶然的細節也許會影響我們的一生。可哪些細節會起到這種作用，這是沒辦法預測的。就如面試時禮貌地給他人讓座位，這個細節會有兩種截然相反的結果：有的主考官會對你的美德大加讚賞；有的則會認為你缺乏競爭意識。這並不是說細節的力量是種不可捉摸的宿命，而是說細節的力量也有如機遇一樣，總是青睞於有準備的人。這種準備，來源於我們的平時養成，而不僅僅是面試前設計好一套注重細節的執行方案就夠了。

對大多數人來說，在細節上的表現更多的是種習慣，全賴於我們的性格和平時的養成。有一句話叫「性格即命運」，這正是心理學家、哲學家威廉・詹姆士所說：「播下一個行動，你將收穫一種習慣；播下一種習慣，你將收穫一種性格；播下一種性格，你將收穫一種命運。」而性格多少地會表現在許多不經意的細節上。

簡單的工作重複化

對於一家大企業來說，企業的價值鏈已經很完善，要做好這些工作，需要的往往不是靈感和創意，而是兢兢業業、有條不紊，把眾多被細分的小事情做好、理順。員工們不再有一人兼顧幾個方面工作的機會，更多的是要持續反覆地做細分和規範好了的某一部分工作。

這樣的企業是用組織、制度或文化來實現目標，通過一套組織、程式來約束越軌行為，或者用文化內在地改變行動觀念。這樣一來，在大多數情況下，實現績效就是一種緊盯目標下的簡單重複過程。

而那些成天將意志、信念掛在嘴邊的人，往往只會紙上談兵，他們不敢面對殘酷的現實，他們在逆境中退縮，他們謹小慎微而遊移不定。毫無疑問，這樣的人，永遠不會取得成功——他們連成功執行最基本的健康心態都不具備！

有一個人在一家製絲廠工作，製絲是流水線作業，每一個鏈條出了問題就會影響到整個品質。一個崗位一個人，一個蘿蔔一個坑，每天面對的都是相同的工作，單調而又枯燥，平凡而又簡單，但是有一句話對他觸動很大，那就是：把平凡的事一千遍、一萬遍地做好就是不平凡。

不管什麼事情，哪怕再小、再不起眼，哪怕再不需要什麼技巧與能力，也要持之以恆、日復一日地做好，如隨手關燈，書房燈管不亮在當日就換好，開會時將手機調成震動，總在約定客戶見面五分鐘前到達等。如果每天真能做到這些，這樣的公司和這樣的員工是非常了不起的。

成功，就是簡單的事情重複地做，要成功其實不難，只要重複簡單的事情，養成習慣，「一旦你產生了一個簡單而堅定的想法，只要你不停地重複它，終會使之變成現實。」這是美國通用電氣公司前總裁傑克．韋爾奇對如何成功做出的最好回答。

凡事多從細微處考慮

一個報社的記者受上司之命去採訪一個事件。這次採訪工作本來就有相當程度的困難，當上司問他有沒有問題時，這位記者卻不假思索地拍著胸脯回答說：「沒問題，包準讓你滿意！」過了三天，沒有任何動靜。上司追問他進展如何，他才老實地說：「沒有想像的那麼簡單。」當時上司雖然沒有說什麼，但心裡已對他形成了做事草率的印象，並且開始對他有些反感。由於他工作的延誤，導致整個部門的工作都無法正常完成。後來，上司再也不委託他重要的工作了。這就是做事欠缺思考的結果，如果他當初仔細分析一下困難在哪裡，提出比較好的採訪方案，即使晚幾天，上司也會理解，可是他沒有那麼做，輕率地答應下來，才落得工作沒有做好而又被冷落的下場。

做事的成敗，往往取決於對實際情況的掌握程度，千萬不要在事實還不允許做決定之前，便草率行事。在許多時候，遇事多考慮，就能避免出現一些意想不到的差錯。

我們無法預知未來，所以很多事成功與否常常取決於我們是謹慎小心還是魯莽草率。有些人之所以失敗，就敗在缺乏思考。他們對事情的考慮總是不成熟，只求做得快，成事快，他們才會採取行動。這種把事物考慮得周到，考慮得透徹的人，自然做事就會又準又快，理所當然地就成功了。

【智慧語錄】

重大的變化是由細微的變化漸積而成的。重視細微漸變，古人多有提醒。《後漢書．陳寵傳》上寫道：「輕者重之端，小者大之源，故堤潰蟻孔，氣泄針芒。是以明者慎微，智者識幾。」一些人往往對巨變警惕，對漸變看不起，「微小」不足道，「細小」不足為，「小節」則不拘，以致積隱成患，導致慢誤、慢腐甚至慢亡。

小事當大事做，才會有成就

「天下大事當於大處著眼，小處下手。」

——清朝軍事家，曾國藩

千里之行，始於足下

要想成就宏大的事業，實現理想和追求，必須從最細小最微不足道的地方做起，從最卑賤的事情起步。

成功是著重過程甚於結果的。偉大的成就總是孕育在一次次的努力之中。在事業起步之際，你會被分派到與自己的能力和經驗相稱的工作崗位，直到你向團體證明自己的價值，才能漸漸被委以重任和承擔更多的工作。

當你承擔某個職位時，除了完成你的工作之外，也要眼看下一個工作。每日竭盡所能地完成工作，也持續計畫未來。將每一天都看成是學習的機會，這會使你在團體中更有價值。一旦有了晉升的機會，上司第一個就會想到你。

「合抱之木，生於毫末；九層之台，起於累土；千里之行，始於足下。」想成功就要從那些瑣碎的小事做起，就從此時此刻開始，腳踏實地向前邁步，一步一個腳印地向前走。請記住：連小事都做不好的人，大事也肯定做不好！因此，我們應該清楚，只有將小事當大事做，才能有所成就。

小事決定大事

中國歷朝歷代發生的「巨防容螻」而致「漂邑殺人」，「突泄一熛」而致「焚宮燒積」的事，實在太多了。小的決定大的。百姓開門七件事，柴米油鹽醬醋茶，沒有一個是經國大計，卻為任何一個當政者所不能忽視。

中國古典文學巨著以大開大合的情節見長，但感人肺腑，讓人記下的卻是「石卵化猴」、「桃園結義」，以及「玉在櫝中」，「釵在奩內」這些生動的細節。

而世界上獲諾貝爾獎的各個門類的巨匠，無不是從大千世界拾撿珍珠的高手。幾乎所有動植物繁衍的種子，都是很小很小的核果。風可以刮著走，鳥兒可以用嘴銜，被人不經心就可以忽略，甚至丟棄的，但它們卻負載著生物自然的最偉大傳承。任何龐然大物，都不能忽略小，只有小，才最具繁衍力的。近代人盡皆知的重大發明、發現：從蘋果落地發現地心引力，到開水冒氣引發的蒸汽機的利用，無不是藉由偶發思端的小事影響整個世界的。正是由於近代科學發現了最小的物質顆粒，電子、質子、中子、光子，人類才浩蕩地走過二十世紀，快速發展到今天。

小時候，聽老師講概念，總是由大往小講，一小時有六十分，一分鐘是六十秒；實際沒有最小的秒，哪來的分，沒有分哪來的時？正如積時以日，積日以年，沒有時，哪來日、哪來月、哪來年一樣。

想行千里嗎，想成大樹嗎？從腳下開始，從毫末做起，就是這樣。原則不會改變，即使全球化了，仍然是小事決定著大事。

大往往在小之中

一些真正偉大的人物從來都不蔑視日常生活中的各種小事情，即使常人認為很卑賤的事情，他們也都滿腔熱情地去做。

人，能一心一意地做事，世間就沒有做不好的事。這裡所講的事，有大事，也有小事，所謂大事小事，只是相對而言。很多時候，小事不一定就真的小，大事不一定就真的大，關鍵在做事者的認知能力。那些一心想做大事的人，常常對小事嗤之以鼻，不屑一顧。其實連小事都做不好的人，大事是很難成功的。

有位智者曾說過這樣一段話，他說：「不會做小事的人，很難相信他會做成什麼大事。做大事的成就感和自信心是由小事的成就感累積起來的。可惜的是，我們平時往往忽視了它，讓那些小事與我們擦肩而過。」勿以善小而不為，勿以惡小而為之。小事正可於細微處見精神。有做小事的精神，就能產生做大事的氣魄。不要小看做小事，不要討厭做小事。只要有益於工作，有益於事業，人人都應從小事做起，用小事堆砌起來的事業大廈才是堅固的，用小事堆砌起來的工作長城才是牢靠的。而從小事做起的工作，年輕時就應努力去做好。

人生價值真正的偉大在於平凡，真正的崇高在於普通，最平凡，最普通卻又最偉大，最崇高。從普通中顯示特殊，從平凡中顯示偉大，這才是做人做事之道。

認真地對待每一件小事

美國最大的黑人學校的創始人——布克．華盛頓，年輕的時候，到一所學校請求入學。由於家境貧困，他衣衫襤褸，學校的女教師不肯收他。被拒絕以後，他沒有離開，而是在那裡獨自坐了幾個小時之久。那位女教師有感於他入學的強烈渴望，便決定給他一個機會，考驗他一下。於是，女教師告訴布克說學校中有一間屋子需要人打掃，問他能否幫她這個忙。布克高興地答應了。

刷洗地板、抹桌椅、擦玻璃……不一會兒，布克就將那間屋子清理得一點塵垢也沒有。過了一會兒，女教師來到這間屋子裡，拿出一塊雪白的手帕在桌椅上一抹，白手帕上竟然一點汙穢都沒有。布克這種即使對待細微的事情也如此認真的精神使得自己通過了女教師對他的考驗，最終得以入學。

試問，如果布克當時想：「又不能在這裡上學，誰甘心為你做這種義務的苦工呢？」

於是如果就馬馬虎虎地打掃房間，而不是這樣認認真真地對待這份卑微的工作，那麼，女教師還會同意他人學嗎？那他還能與辦黑人的教育事業，進而受到千萬黑人的愛戴，受到千萬白人的尊敬嗎？在追求成功的道路上，其實根本就沒有大事小事之分，那些所謂的小事情同樣是不可缺少的成功砝碼。沒有小事就無以成大事。

【智慧語錄】

一座金碧輝煌的大廈，是由無數微小的木材、石塊、磚瓦合成的；若沒有這些微小的材料，就不會有那一座雄壯的大廈。同樣，一件大事的成功也是由許多瑣碎的小事的成功集合而成的。所以，在生活和工作中，我們必須認真地對待每一件小事。

不只要好，還要更好

「治玉石者，既琢之而復磨之；治之已精，而益求其精也。」

——南宋理學家，朱熹

相信自己能做得更好

僅僅完成工作中規定的任務，並不能保證你成為一名出色的員工，如果你想要別人注意到你的努力，就應該在工作中不斷提升自己的標準，將自己的工作做到令人驚歎，近乎完美才行。

羅馬尼亞著名運動員納迪亞．科馬內奇是第一個在奧運會上贏得滿分的體操選手，她在一九七六年加拿大蒙特利爾奧運會上完美無瑕的表現，令全世界為之瘋狂。

在接受記者採訪的時候，納迪亞．科馬內奇談到她為自己所設定的標準以及如何維持這樣的高標準時說：「我總是告訴自己『我能夠做得更好』，不斷驅策自己更上一層樓，要拿下奧運金牌，你不能過正常人的生活，而且要比其他人更努力才行。對我而言，做個正常人意味著過得很無聊，一點兒意思也沒有。我有自創的人生哲學：『別指望一帆風順的生命歷程，而是應該期盼成為堅強的人。』」

一般人認為還可以接受的水準，對於像納迪亞．科馬內奇這樣渴望成功的人而言，卻是無法接受的低標準，他們會努力超越其他人的期望。

在工作中，如果你負責的每一項工作都達到了老闆的要求，那麼很好，你可以稱得上是一名稱職的員工，你不會失業，或許還可以得到晉升，但你永遠無法給老闆留下深刻的印象，永遠無法成為老闆委以重任的對象，也永遠無法在公司中達到你事業的頂點。只有把負責的工作做到近乎完美，超過老闆對你的期望，你才能讓他的眼睛一亮，才能讓他在遇到一些高難度工作的時候想起你，給你一個鍛煉的機會。因此，無論在工作還是生活當中，我們都應該堅信，凡事不只要好，還要更好。

爭取做到最好

工作中永遠沒有最好的時候。無論客戶、上司還是老闆，真正存心挑剔的時候並不多，他們提出的要求，都是迫於某種需要。客戶擔心產品出問題；上司怕工作品質影響業績；老闆則更是迫於市場的巨大壓力才嚴格要求，因為他從來都無法對市場說：「我已經做得夠好的了，你降低要求吧！」

市場是無情的，有時可能只比競爭對手稍遜一點點，就可能被淘汰出局。

在第二次世界大戰中期，美國空軍和降落傘製造商之間發生了分歧，因為降落傘的安全性能不夠。事實上，通過努力，降落傘的合格率已經提高到百分之九十九點九了，但軍方要求達到百分之百，因為如果只達到百分之九十九點九，就意味著每一千個跳傘士兵中，會有一個因為降落傘的品質問題而送命。但是，降落傘商則認為提高到百分之九十九點九已經夠好了，世界上沒有絕對的完美，根本不可能達到百分之百的合格率。軍方在交涉不成功時，改變了品質檢查辦法。他們從廠商前一周交貨的降落傘中隨機挑出一個，讓廠商負責人裝備上身後，讓他從飛機上往下跳。這時，廠商才意識到百分之百合格率的重要性。奇蹟很快出現了：降落傘的合格率一下子達到了百分之百。

在工作中，「沒有最好，只有更好」已經成為一種最基本的做人做事之道，也是一個人成就事業的重要條件。如果你想通過出色的業績為自己的發展贏得機遇，就應該把「沒有最好，只有更好」當成自己時刻奉行的工作原則。

不要滿足於及格

你對工作的態度決定了你對人生的態度，你在工作中的表現決定了你在人生中的表現，你在工作中的成就決定了你人生中的成就。所以，如果你不願意拿自己的人生開玩笑，那就在工作中多邁一步，而不僅僅是做到及格。

不要滿足於尚可的工作表現，要做就做最好的，你才能成為不可或缺的人物。人類永遠不能做到完美無缺，但是在我們不斷增強自己的力量、不斷提升自己的時候，我們對自己要求的標準會越來越高。這是人類精神的一種永恆本性。

曾任微軟（中國）有限公司總裁的唐駿，最初是以工程師的身份加入微軟的。當時，微軟正在開發Windows。做的是英文版，然後再由一個三百多人的大團隊開發其他語言版本，但這也是個艱鉅的工程，因為這個過程並不只是翻譯功能表那麼簡單。以中文版為例，許多原始程式碼都得重新改寫，需要五十個人努力不懈修改大半年，才能改出完善的中文版。所以最開始的時候，Windows英文版上市九個月後，中文版才能上市；到了Windows3.1，中文版更是滯後了一年多。剛進微軟幾個月的唐駿覺得這種辦法很愚蠢。他想著能不能改一下？

下了班，唐駿開始動腦筋想辦法……半年後，他拿出了幾萬行代碼的東西，經過運行，證明他的程式經得起檢驗後，才找老闆面談。微軟公司花了三個月時間論證，最終認為他的方法是可行的。於是，原先的三百人大團隊一下縮減到了五十人。由他帶領重新對微軟作業系統進行全方位的改變，最終使他從一個工程師變成一個部門經理。進入微軟一年半以後，唐駿在職位和薪水上都得到了提升，並在認股權上得到回報。

雖然是做程式工程師，但是不能只把自己當成工程師，你還可以為你的老闆和公司著想。但並不是找到問題就萬事大吉，任何公司從來不缺挑剌的人。因為你看到的問題，可能已有不少人早就抱怨過了！所以你與其就這麼跑去找老闆反而於事無補，還不如調查研究後，帶著解決方案去找老闆，這才是明智的做法。只有指出核心問題又能拿出有效解決方案的員工，才會得到老闆的重視和信任。

唐駿願意在工作中多邁一步，更難得的是他知道該做什麼。他找到了問題，這只是第一步；他解決了這個問題並且藉此為公司節省了大量的人力物力，這才是最重要的。而這樣的員工老闆怎麼會不喜歡，不給你升職加薪呢？對於手頭工作和自己的行為百分之百負責的員工，總是能超越及格的要求，他們更願意花時間去研究各種機會和可能性，顯得更值得信賴，也因此能獲得別人更多的尊敬，與此同時，他也獲得了掌控自己命運的能力，這些將加倍補償他為了承擔百分之百責任而付出的額外努力、耐心和辛勞。

要想在工作中實現自己的價值，證明自己，就要在做事的時候，抱著非做成不可的決心，抱著追求盡善盡美的心態。無論做什麼，如果只做到「尚可」就很滿意，那就很難有更大的出息，也很難體現自己的價值。

【智慧語錄】

成功並不是因為好運氣、特殊才能帶來的，而是通過極大的努力與堅定的決心取得的。成功的人沒有去找尋捷徑，也沒有逃避辛勤的工作，他們反而歡迎辛勤工作，把它視為成功過程中不可缺少的一部分。他們一致認為真正的成功者是那些最值得得到成功的人，每一個成功者都必須付出勞動的代價。沒有止境的標準只能用沒有止境的不斷工作才能不斷達到！

一切都追求盡善盡美

追求完美，近乎苛求。

——LEXUS 形象廣告

要求完美，避免原地踏步

現實生活中，有無數人因為養成了輕視工作、馬馬虎虎對工作不盡責的習慣，以及敷衍了事的態度，終致一生不能出人頭地。在某大型機構的一座雄偉的建築物上，有句很讓人感動的格言：「在此，一切都追求盡善盡美。」如果每個人都能履行這一格言，做任何事情，都竭盡全力，以求得盡善盡美的結果，那人類社會不知道會進步多少。

養成敷衍了事的惡習後，做起事來往往就會不誠實。這樣，人們最終必定會輕視自己的工作，從而輕視他的人品。粗劣的工作，必會帶來粗劣的生活。工作是人們生活的一部分，做著粗劣的工作，不但使工作的效能降低，而且還會使人喪失做事的才能和動力。所以，粗劣的工作，著實是摧毀理想、墮落生活、阻礙前進的仇敵。

實現成功的唯一方法，就是在做事的時候，抱著非做成不可的決心，抱著追求盡善盡美的態度。而世界上創立新理想、新標準，扛著進步的大旗、為人類創造幸福的人，都是具有這樣素質的人。

有人曾經說過：「輕率和疏忽所造成的禍患是不相上下的。」許多人之所以失敗，就是敗在做事不夠盡責、輕率這一點上。因為這些人對於自己所做的工作從來不會要求盡善盡美。

追求盡善盡美

亨利．謝拉德是一名希臘文教師。他所擁有的財產足以使他不用做任何工作也不必為生活發愁，他從事這一行只是因為興趣。查理十六歲投入他門下學習，並接受兩年的教育，在工作中謝拉德是一個追求完美的人。因為他不肯妥協，他總是跟教育部門和其他教師過不去。在教育上，他有自己的理想和追求。不管遇到多大困難，他也想走自己的路。

他最喜歡用的教學方式是使人丟臉、威嚇，給人一個意想不到的難堪。然而，在學生受罰前，謝拉德會給學生一個充分的機會，去達到謝拉德的要求，但要百分之百的正確。倘若再犯錯誤，他就不客氣了。

有一天，謝拉德嚴肅地注視了查理和他的同學們很長時間。然後，他用極溫和的語調說：「這麼說，你們想學希臘文了？但是我希望你們知道你們面臨的是什麼。我話先說在前頭：我可是一個不滿足於一般的人。我不喜歡好的學生，只喜歡最優秀的學生。」就這樣，查理開始了一生中有決定意義的兩年學習生活。有時，為了糾正一個重音上的錯誤，查理寫滿一整個黑板的句子後，自己全部擦掉，再重寫一遍，別人被迫寫十遍的東西，查理卻要寫二十遍，在回家路上，查裡常常在許多包裝紙上抄滿希臘語句子。

謝拉德用藍鉛筆改正查理和他的同學們每天交上去的考卷，在出現嚴重錯誤的地方寫上十分不客氣的評語。他從不忽略考卷的每一行答案。查理想像不出他是怎樣做到這些的。然而，年復一年，他毫不猶豫地一直這樣做。

當查理把作業做得無可挑剔的時候，謝拉德並沒有表揚他，而是讓他繼續努力，爭取有更好的表現。學了希臘文後，查理決定學寫作。在學希伯來語、阿拉伯語和社會學時，查理都努力用這種方法學習，並嚴格按謝拉德的要求做事。

謝拉德離開校園後，查理就再也沒有見過他。直到現在，半個世紀過後，查理還是根據他的標準來要求自己、衡量別人，他說：「任何值得做的事，都值得做好，任何值得做好的事，都值得做得盡善盡美。」

對於每一個人，對每一件需要做的事情，都要達到盡善盡美。不是最好的計畫，就可以不去讀它，只有最好、最完善的，才是被期望與接受的。一個人或者一個團隊，只有好的工作計畫才能逐步地靠近自己的目標。

要做就做最好

對於工作，我們要有一個基本原則，這就是「要做就做得更好，否則就不做」。要堅持全力以赴追求完美，不管有什麼困難，都要盡力去克服。

趙淳剛是一名毫不起眼的理髮師。他的理髮店也在街角最不起眼的地方，但卻是顧客盈門，理由很簡單：這裡面有一位很好的理髮師。他總能把顧客的頭髮剪出最好的效果。如果能夠擁有一個好髮型和一份好心情，在路上多花一點時間又有什麼關係呢？不僅如此，他的客人還向自己的家人和朋友推薦這家理髮店。久而久之，趙淳剛的理髮店名聲大振，成為這個城市中首屈一指的理髮店。

在這個過程中，趙淳剛招收了一批小學徒。在每次教授技藝的時候，趙淳剛總是不忘說這樣一句話：「記住，每一剪剪下去都要負責任。」這句話也是在趙淳剛正式做學徒的那一天師傅對他說的第一句話。

因為這句話，趙淳剛對工作的態度近乎偏執。有一次，一位有錢人來店裡理髮。趙淳剛告訴對方，剪髮大概要用四十分鐘的時間。對方沒有異議。可是，剪到三十分鐘的時候，這位客人突然接到一個電話，得馬上離開。趙淳剛堅持說：必須把頭髮剪完才能走，不然的話，會影響到整體的效果。客人很生氣，但是趙淳剛仍然不肯放他走，並且再三強調要對自己的工作負責。客人沒有辦法，只能留在店裡把頭髮剪完。

半年後，那位客人又來了，他笑眯眯地對趙淳剛說：「上次因為在你這裡剪頭髮而耽誤了生意，我曾發誓再也不來這裡剪髮了。但後來發現其他理髮店剪出來的效果都沒有你這剪得好，所以我又來捧場了。」

「要做就做得更好，否則就不做。」這應該成為每個職場中人的工作原則和態度。要做就做到最好，是做人的原則，更是做事的原則。把事情做到最好，是對別人負責，也是對自己負責。當你把事情做到最好以後，你就會發現，你付出的所有辛苦都會得到回報。

把工作做到完美

每一件你的分內事情上，你都擁有追求和達到完美與卓越的機會，你應該付出自己的全部努力去追求完美的結果。任何一個工作崗位都可以成就完美。

追求完美與卓越是每一個希望優秀的員工必備的素質。任何一個人如果沒有追求完美與卓越的信念，便不可能擁有真正的成就。

拳擊史上赫赫有名的拳王阿里從登上拳擊場那天起，在心裡就有一個堅定的信念，一定要做一個歷史上最優秀的拳手。為此，阿里每天苦練九個小時以上，並不斷參加各種各樣的比賽以磨煉自己，就這樣，他最後成為傑出的拳王。

達文西也對自己提出了向完美進軍的目標，他在繪畫方面對自己的要求達到了苛刻的地步。為了畫好《蒙娜麗莎》，他曾經觀察了上千萬次不同的人在各種情況下的笑容，並且在動筆作畫之前打了上千張草稿。一次，在塗掉一張很好的試稿作品後，有人不解地問他：「為什麼這麼好的畫作卻要將它塗掉？」達文西回答說：「一張沒有達到完美的畫作是我所不能夠忍受的。」他希望自己的畫作能夠達到一個新的完美高度。在這種心態的指引下，他終於做到了，達到了一個極其驚人的狀態。達文西的畫作，《蒙娜麗莎》至今無人能夠超越。

拿破崙，一個舉世公認的軍事天才和偉大的政治家，在他開始自己的政治生涯之時，他便立下宏大的心願，一定要將自己的事業做到完美，要做一個在歷史上永遠閃光的人，正如他給士兵們所說的一樣，「不想做將軍的士兵不是好士兵」。每一個人，不管他的地位、現狀如何，都應該擁有一顆追求完美和卓越的雄心，如果連這一點都做不到，那麼想要有所成就是不可能的。

【智慧語錄】

很多成功的員工在論及自己的成就的時候，提到的最多的一點首先是在面對任務時，要擁有將任務做到最好的信念。信念的魔力是無窮的。這種追求完美與卓越的信念對員工個人有著多方面的影響：它將激勵你擁有巨大的勇氣去面對工作的困難與艱辛；它將提供給你勇氣去面對各種各樣的挫折和失敗。

不要做經驗的奴隸

「明智的判斷來自於經驗，而經驗往往來自於錯誤的判斷。」

——美國社運人士作家，麗塔・梅・布朗

別被經驗束縛

經驗對於我們來說，是一筆寶貴的財富，它讓我們在前進的途中少走了許多的彎路，它也幫助我們更快地摘到成功的果實。

但是也有很多人因為一味地遵循「經驗說」，不論做什麼事情都要憑著以往的經驗來，讓自己成為了經驗的「奴隸」，最後反而在成功的路上多走了許多的彎路。如果我們不能躲開經驗的束縛，那它就不再是我們成功路上的護航者，而是成為了我們前進路上的包袱，因為過度地遵從經驗，就會變成因循守舊，並逐漸讓我們失去創新的能力。

所以，學會擺脫經驗的奴役，讓自己再次成為生命的主人，這也是讓我們把工作做徹底，取得成功的法寶之一。臺灣著名演員歸亞蕾，就是靠著這個法寶，登上了一次又一次事業的巔峰。

一九六四年，歸亞蕾參加了高雄區中國小姐的初選，獲得冠軍，由此而進入了演藝圈。現在她已經從影了四十多年，在螢幕上塑造了一百多個女性藝術形象，並四次勇奪「金馬獎」最佳女主角與最佳女配角，她被人們譽為影視界的常青樹。很多年輕的藝人對她所取得的成就都非常的羨慕，也經常向她請教演戲的經驗。

作為一個從影四十多年的老演員，歸亞蕾的確是積累了許多的表演經驗，但是面對現在許多年輕人完全唯經驗是寶的心態，她給了他們一條「另類」的經驗，她說：「我演戲的經驗就是不要經驗。如果你過於看重經驗，你就會淪為經驗的奴隸。」

「在我沒有意識到這一點之前，我每次看劇本的時候，剛拿起一看，我就知道要怎麼演，結果演出來的角色沒有一點新意，而觀眾對於同一套路的戲看得多了，就會出現視覺疲勞，這樣你的表演就沒什麼市場了。現在我演戲的時候，很多以往的經驗都會一個個的在腦子裡閃現出來，但是我採取的方式是出來一個就丟掉一個，直到什麼都沒有了為止。因為如果你希望有所突破的話，靠經驗是不能實現的，只能靠自己熟讀劇本，努力揣摩，在角色上下功夫。」

歸亞蕾是這麼說的，也的確是這麼做的，曾經，她也常自恃有表演底子，用自己曾經的生活經驗和表演經驗來演戲，但是結果很不理想。

那一次，她是第一次演奶奶的角色，演的是一個七十多歲的老太太。因為是第一次嘗試演老年人的角色，因此她很努力，她根據生活中觀察到的老年人的形象，特意把頭髮弄白，還做了好多件旗袍，也特意改變走路的樣子……但是當把這部片子拿去評金鐘獎時，她卻連入圍的資格都沒有。

對此她內心覺得很不平衡，因為她覺得自己這麼努力、這麼用心地去演這個角色，最後卻連入圍都沒有。但當她回家後把這部劇再看了一遍之後，她就為自己先前的想法而慚愧了，對評審也變得心服口服，因為她在看了這部戲之後，她發現自己在戲中只是憑著以往的經驗來演這部戲，卻沒有真正地深入人物的內心，這對於一個演員來說，是表演上最大的瑕疵。

後來，她又得到了另外一次機會，在電視劇《她的成長》裡面再度飾演奶奶，這一次，她決心把沒有入圍的那部戲的失敗點找回來，她拋開了以往的表演經驗，認真研讀劇本，揣摩人物心理，結果這次她很開心地拿到了金鐘獎。

讓她對演戲不能憑經驗有更加深刻的體會，是她在參演由李安執導的《喜宴》的時候。

歸亞蕾在演戲的時候有一個「不好」的習慣，就是不論什麼時候都要打破砂鍋問到底，因為她總會把劇本看得非常透徹，包括每一場戲她都要給自己找到一個很合理的理由，才能說服自己去表現它，但這樣一來的話，就難免掉進經驗的「陷阱」中。

在《喜宴》裡面，她演的是婆婆，其中有一場戲是她的兒媳婦去醫院墮胎，但是她從心裡來說是不樂意的，但是在急著出去阻止兒媳婦的行為的時候，她卻要上樓。當時歸亞蕾覺得劇本這樣安排太不合理了，於是她就一直去找李安說能不能不要讓她上樓。

她說：「導演，這個理由不能成立啊。你看看她的媳婦要去墮胎了，她要出去了，自己兒子的車，她穿什麼衣服都可以上這個車，她也不一定非得穿鞋子，穿拖鞋都可以上啊，她只要阻止媳婦不去把孩子拿掉就可以了。」完了她還問導演為什麼一定要讓她上樓。

導演李安被歸亞蕾的追根究底煩得受不了，只得跟她解釋說：「如果妳上了車，這個孩子就不是她自願的，妳再去想一想。」歸亞蕾一聽，說好吧。她就再去想，可是不論怎麼想她覺得還是想不通，又去煩李安。李安很生氣，只得給她下了最後通牒：「亞蕾姐，今天是最後一次，妳，想辦法上樓吧，妳不可能不上樓。」

歸亞蕾見李安的語氣如此堅決，她只好無奈地說，好吧。後來她就想，當一個人急到極致的時候，她是可能會做一些很反常的動作的。於是她就用這種心情去表現這場戲。然後明明可以不上樓的，她卻上樓了。明明可以不必換鞋子的，她卻拚命找鞋，還找皮包。找皮包幹嘛呢？這就是人在慌張到沒有辦法的時候的表現。

最後這場戲，李安覺得她演得很好。演完之後，歸亞蕾回顧自己在戲中的表演經歷，她發現自己在詮釋這個角色的時候，只是憑著自己的生活經歷去理解，並沒有去認真琢磨人物角色所處的特殊環境，以及在這種環境之下的心理反應。此時她深刻領悟到了，演戲真的不能憑經驗。因為表演雖然來源於生活，但卻是高於生活的，有些看似不是生活常態中的表現，卻反而能最真實的體現人物心理狀態。

有了這一次的徹底領悟，歸亞蕾在以後她飾演每一個角色的時候，她都能拋開所有的經驗，把心裡所有的空間都用來盛放當前要演要揣摩的這個人物，讓自己更加貼近人物的內心。

經驗很多時候是一筆寶貴的財富，但凡事都有度，過度地信奉經驗，就會成為經驗的奴隸，擺脫了經驗的束縛後，歸亞蕾飾演的人物演一個像一個，演一個紅一個。這讓她不但在臺灣受歡迎，也使內地觀眾在《大明宮詞》、《橘子紅了》等劇中又驚喜地發現了一個全新的她，贏得了更多觀眾的喜愛。

不光是演戲，做任何事都如此。時代在變化，知識與技能的折舊速度也在不斷地加快。面對工作中的新問題，如果只是信奉老舊的經驗，只能讓解決問題的路走入死胡同。

學會思考，別總是倚靠經驗

經驗有時候是前進路上的指明燈，但有的時候卻又會將我們帶進思維的死胡同。所以，我們必須學會辯證地對待經驗，不要輕信經驗萬能。

就如歸亞蕾在第一次飾演「奶奶」的角色的時候，她只是憑藉自己以往的表演經驗和生活經驗來進行演繹，結果呈現在觀眾面前的只是視覺上的感受，這是一個七十多歲的老太太，卻無法從神韻上體現出老年人身上特有的神態，因此表演也就難以打動觀眾。

經驗是前輩思想上的結晶，也是自己以往辦事方法的一些積累，在面對一些難以解決的問題的時候，借鑒以往的一些經驗，確實能加快解決問題的速度。但是在借鑒這些經驗的時候，也需要結合實際情況加進自己的思考，否則，一味地照抄，死搬經驗，不僅不能有效地解決問題，還有可能演變成「教條」。

經驗從某種程度上來說，只是對某一方面的積累，並不見得對所有問題都適用。所以在運用過往的經驗解決問題的時候，還要學會多角度，全方位地看問題。

就如歸亞蕾在《喜宴》中表演上樓那場戲的時候，剛開始她只是按照生活中常人的思考方式來加以理解，所以對導演要求她上樓的戲始終想不通，但是後來她換了一個角度思考之後，表演就十分的到位了。

因此，工作中如果遭遇問題的阻攔的時候，不妨大膽拋開經驗的束縛，輕鬆上陣，也許等待你的，將是一次你意想不到的收穫。

【智慧語錄】

在你的同事之中，可能有些人的學歷並不高，甚至還要低於你，但是他們卻取得了優異的成績，在公司中迅速成長，並擔任了重要職位，為什麼？原因就是因為他們懂得吸取他人的經驗，不照搬死抄，而是不斷地學習進步。如果你既掌握了別人成功的經驗，又可以吸取他人曾經失敗的教訓，那麼，距離把工作做徹底的目標就不遠了。

! 永遠超過老闆的期望

「在創造中不斷地提煉你自己，在每一步的提煉中，經純化而脫塵，經昇華而超越，最後達到一種曠漠冷定的境界」

——德國哲學家，尼采

超越自我才能突顯自我

在工作中，如果你完成的每一項工作都達到了老闆的要求，那麼很好，你可以稱得上是一名稱職的員工，你不會失業，或許還可以得到晉升，但你永遠無法給老闆留下深刻的印象，永遠無法成為老闆的重點培養對象，也永遠無法在公司中達到你事業的頂點。只有超過老闆對你的期望，你才能讓他的眼睛一亮，才能讓他在遇到一些高難度工作的時候想起你，給你一個鍛煉的機會。

當你和一批新員工一同進入公司時，老闆對每個人的期望都是一樣，這時有些人達不到老闆的要求，大部分人能剛好達到老闆的要求，只有極少數人能超過老闆的要求。那些不能達到要求的人將很快被淘汰，大部分人將繼續自己平淡的工作，而那極少數人將會被單獨叫進老闆的辦公室，老闆會在正常工作之外給他們分配一些挑戰性的工作，隨著老闆對他們的期望越來越高，給他們的機會也會越來越多，他們也能在這種環境中迅速成長。

因此，作為一名優秀的員工，做每件事都應該超過老闆的期望，只有這樣，才能在其他的員工當中凸顯出來，才能獲得老闆額外的重視，自然也將會有更大的發展空間。

本職工作先做好

一家外貿公司的老闆要到美國辦事，並且還要在一個國際性的商務會議上發表演說。他身邊的幾名職員忙得頭暈眼花，甲負責演講稿的草擬，乙負責擬訂一份與美國公司的談判方案。

在該老闆出國的那天早晨，各部門主管也來送行，其中有人問：「你負責的檔案打好了沒有？」

甲睜著那惺松的睡眼說道：「今天早上我只有四個小時睡眠，所以我撐不住睡著了。反正我負責的檔案是以英文撰寫的，老闆看不懂英文，在飛機上不可能複讀一遍。等他上飛機後，我回公司去把檔案打好，再用電子信箱傳去就可以了。」

誰知轉眼之間，老闆駕到。第一件事就問這位主管：「你負責預備的那份檔案和資料呢？」這位主管按他的想法回答了老闆。老闆聞言，臉色大變：「怎麼會這樣？我已計畫好利用在飛機上的時間，與同行的外籍顧問研究一下自己的報告和資料，別白白浪費坐飛機的時間呢！」

天啊！甲的臉色一片慘白。

到了美國後，老闆與職員一同討論了乙的談判方案，整個方案即全面又有針對性，即包括了對方的背景調查，也包括了談判中可能發生的問題和策略，還包括如何選擇談判地點等很多細緻的因素。乙的這份方案大大超過了老闆和眾人的期望，誰都沒見到過這麼完備而又有針對性的方案。後來的談判雖然艱苦，但因為對各項問題都有細緻的準備，所以這家公司最終贏得了談判。

出差結束，回到國內後，乙得到了重用，而甲卻受到了老闆的冷落。作為一名優秀的員工，不管是在時間，還是品質上，任何時候都要超過上司的期望，提前準確地把事情做好，因為你也許不一定明白自己的拖延會給公司帶來多大的麻煩和損失。成功的人士都會謹記工作期限，並清晰地明白，在所有老闆的心目中，最理想的任務完成日期是：昨天。

真正優秀的人總比常人多走一步路，及格是遠遠不夠的。有一位公司經理已經七十多歲了，還經常來往於世界多個國家，處理各項事務，而且樂此不疲。他總是告訴年輕人說，他還可以做得更好，正是這種精神成就了他的事業。

具備獨立思考的能力，且多為老闆考慮。

我們經常會發現，那些一夜成名的人，幾乎每一個人都有自己獨立思考的能力。只有善於獨立思考，才會自動自發的工作，才會抓住機會獲得成功。

那麼怎樣才算是具備了獨立思考的能力呢？

當你具備了獨立思考的能力之後，你不會像機器一樣，別人吩咐做什麼就做什麼；在工作的過程中能發揮自己的創意，出色地完成任務；而不具備獨立思考能力的人，在遇到需要自己自動去完成的任務時，則會用「這件事老闆沒有讓我做，我又何必插手呢？又沒有額外的薪水！」等話語作為搪塞。

但恰恰是這兩種不同的工作心態，最終導致了兩種不同的人生態度。

而當你擁有「多為老闆考慮」的思想之後，你在圓滿地完成自己的任務的同時，就會自然而然地給老闆提盡可能多的建議和資訊。如此，你會因此而得到提升和賞識。其實從某種意義上來說，為老闆考慮，其實就是為自己考慮。

【智慧語錄】

職場中，工作基本上可以分為兩種：本職工作和額外工作。職場人要想更快地獲得成功，做好本職工作之外還應該做一些額外的工作。只有這樣，你才能時刻保持積極主動的心態，才能得到更多的鍛煉機會，才能引起老闆的注意。

每天都要提高1%

「在今天和明天之間，有一段很長的時間；趁你還有精神的時候，學習迅速辦事。」

——日耳曼作家，歌德

累積1%，創造未來的成功

二十世紀七〇年代的時候，歐美一些未來學家曾預言：「當人類跨入二十一世紀時，每週的工作時間將壓縮到三十六小時，人們將會有更多的時間休閒娛樂。」

但當歷史真的邁入二十一世紀時，人們卻驚訝地發現，相當多的人每週工作時間在無限延伸，而那些不想工作，只重娛樂的人都被「剝奪」了工作的權利，被市場無情地淘汰和拋棄了。未來學家們的美好預言被殘酷的事實無情地擊了個粉碎！假如你不提高自己，可能就會被別人超越。

「每天提高1％。」這是一位經理人時刻告誡自己的一句話。只有每天不斷的進步與突破，你才能摘取成功的桂冠。一個人要有偉大的成就，必須天天有一些小成就，因為大成就就是由小成就不斷累積的結果。假如你每天都沒有進步，沒有成就，那麼在心理上你可能永遠都不會認同自己，沒法獲得必勝的信心。

音樂大師們每天都必須拿出時間進行練習，為了保持現有水準，他們便不得不付出大量的時間，一位古典音樂家坦言：「一天不練，自己知道。二天不練，妻子知道。三天不練，聽眾知道。」

對於一個企業而言，每天提高1%並不是一件很困難的事情，比如製作某種小型器具，你一小時能生產一百個，把效率提高1%後，每小時就能生產一百零一個。你不需要對生產方法進行根本性變革，也無需有超人般的生產速度，只需稍微加把勁。當你實現這一目標後，你會發現幾乎任何事情要提高1%的效率都不難做到，而這少許的努力將產生不菲的回報。

有效地利用時間

想把效率提高1%，需要你更有效地利用時間，那麼怎樣安排更合理呢？將起床時間提前1%。你想尋求一種能提高個人辦事能力的簡便有效方法嗎？那麼就請你每天提前一個小時起床上班。提前的這一個小時不會使你感到睏倦，相反只能為你帶來意想不到的良好效果。

少浪費1%的時間。盡力避開浪費時間的活動，比如參加那些專業協會，社區聯防隊，志願者團體等，你一定要肯定其確有價值而且自己感興趣才行。不要去參加那種自始至終你都是一個盲目的跟從者的會議，即使你在該組織中擔任領導職務，那樣只會浪費你和別人的時間。

讓思考速度提高1%。像其它任何事情一樣，思考也是一個不斷進步的過程，它可以被傳授，被學會，可被實踐和發展。

多獲取1%的能量。在實施全套提升體能計畫之前，工作中注意以下兩點：午飯不要過飽。否則會使你懨懨欲睡，應嘗試著「少量多餐」。較高的工作效率只能保持一、二小時，這是集中精力工作的最佳時間長度。研究表明，全神貫注於某種活動九十~一百二十分鐘後，精力便難以繼續集中。這時你需要休息一會兒，以便於體內進行生化反應，恢復體能。在工作時不要飲酒。酒精會使你睡眼惺忪，影響思維能力。工作午餐時，可以要一杯檸檬汽水或冰茶，而非葡萄酒或雞尾酒。

每天提高1%的威力是無窮的，只要我們有足夠的耐力，堅持到「第28天」以後，你進步的程度會讓自己都感到驚訝。

讓自己不斷地學習

學習要持之以恆。古人說的「讀萬卷書不如行萬里路；行萬里路不如閱人無數；閱人無數不如跟隨成功者的腳步」，非常有道理。以人為鏡可以知得失，我們應該多檢討自己的缺點，看見別人的長處，不斷提高自己。

持續學習是一個公司不斷發展和進步的前提。知識的積累源自於學習，環境的適應依賴於學習。如果你希望自己不斷成長，那麼你就應該持續不斷地學習，就得時刻保持一顆主動接受教育的心。

學習型組織創始人，美國麻省理工大學的彼得·聖吉博士說：「二十一世紀企業最成功的經營管理模式是把企業創建成學習型組織，企業恆久不變的核心競爭力就是永遠比競爭對手學習得更快、更好。」

曾經有位記者這樣問亞洲首富李嘉誠：「今天你擁有如此巨大的商業王國，靠的是什麼？」李嘉誠回答說：「知識。」有位外商也曾經問過李嘉誠：「李先生，您成功靠什麼？」李嘉誠毫不猶豫地回答：「靠學習，不斷地學習。」的確，不斷地學習知識，是李嘉誠成功的奧秘！

李嘉誠勤於自學，在任何情況下都不忘讀書。年輕時打工期間，他堅持打工也要學習，在經營自己的「商業王國」期間，他仍孜孜不倦地學習。一位熟悉李嘉誠的人說，睡前是他固定的看書時間，他喜歡看人物傳記，無論在醫療、政治、教育、福利哪一方面，對全人類有所幫助的人他都很佩服，都心存景仰。早在辦塑膠廠時他就訂閱了英文塑膠雜誌，既能學英文，又能瞭解世界最新的塑膠行業動態。在當時，專精商業英文的華人在香港是「稀有動物」。也正是因為懂得英文，使得李嘉誠可以直接飛往英美參加各種展銷會，談生意可直接與外籍投資顧問、銀行高層打交道。如今，儘管李嘉誠已事業有成，但仍愛書如命，仍堅持不懈地讀書學習。

李嘉誠說：「在知識經濟時代，如果你有資金，但缺乏知識，沒有最新的訊息，無論在何種行業，你越拚搏，失敗的可能性越大；但是你有知識，沒有資金的話，小小的付出就能夠有回報，並且很可能達到成功。現在跟數十年前相比，知識和資金在通往成功的道路上所起的作用完全不同。」

熟悉ＩＢＭ公司的人都知道，它的總部大樓上寫著「學無止境」四個字，公司每年都要花費十多億美元進行一百三十萬人次的職業教育和培訓。在培訓過程中，緊張的學習每天從早上八點到晚上六點，而附加的課外作業常常會使學員們熬到半夜。儘管每天長達十多個小時的緊張學習壓得人喘不過氣來，但是卻很少有人抱怨，幾乎每個人都能完成學業。因為他們知道在這個時代，如果你不學習、不會學習、不終身學習，其結果肯定是被淘汰。

也許我們驚歎猶太人的聰明，其實這個民族在歷史上經歷了太多的苦難，但卻依然頑強地生存到現在，並且出現了許多聞名於世的偉大人物，因為猶太人懂得了「知識就是力量」的道理。他們在孩子剛剛懂事時，母親們就會將蜂蜜滴在書上，讓孩子舔書上的蜂蜜，她們這樣做是想告訴孩子：書是甜的。因為他們知道知識的重要性，認為這樣做可以讓孩子從小就對知識產生渴望。

可以說，人的一切知識都是從學習中得來的。我們從出生就開始學習，學習說話，學習走路，學習做事，學習一切。如果不學習，我們就不可能成為一個健全的人。歌德也曾經說：「人不是生下來擁有一切，而是靠從學習中得到的一切。」

其實，人的一生就是一個不斷學習的過程。不管你有沒有意識到，其實你也是一直在生活中、在工作中學習。但這種被動的學習效果肯定不會明顯。你只有自己首先具有這方面的意識，去激發自己的潛能，不斷地主動學習，你才能一直保持強大的競爭力，從而去實現成功的夢想。

【智慧語錄】

一個人，如果每天都能提高1％，就沒有什麼能阻擋他抵達成功，成功與失敗的距離其實並不遙遠，很多時候，它們之間的區別就在於你是否每天都在提高你自己，假如今天的你與昨天的你相比沒有進步的話，那麼你就會被社會無情地淘汰。

第四章

謹慎細微，紀律嚴明

任何的企業都會有嚴明的紀律，而每一個職場人都應該嚴格遵守公司的規章制度，只有在嚴格的約束下，每一個員工才能夠認認真真的完成自己該做的任務。即使是一些細微的事情，只要是涉及到企業的規章制度，也應該謹慎處理。做到服從上司的管理，遵紀守章，及時改掉自己的一些壞習慣，這才是優秀員工的基本。

對企業決定懂得服從

「只有今天會服從的人，明天才可以指揮。」

——德國政治人物，希特勒

你想彎腰幾次？

我們生活的這個社會是由法律、法令、制度、規定、規章等來規範著的，每個人所能享受的自由只能是被限定在一定的範圍內；否則，整個人類社會將是一片混亂、不可想像的。

有這樣一個寓言故事：

耶穌帶著他的門徒彼得遠行。途中，他們發現了一塊破爛的馬蹄鐵。耶穌讓彼得把這塊馬蹄鐵撿起來，但彼得懶得彎腰，假裝沒有聽見。耶穌自己彎腰撿起了馬蹄鐵，用它在鐵匠那兒換來三文錢，並用這些錢買了十八顆櫻桃。出了城，師徒二人繼續前行。他們經過的是茫茫荒野，土地乾涸。耶穌猜到彼得渴得厲害，就把藏在袖子裡的櫻桃悄悄地掉出一顆。彼得一見櫻桃，趕緊撿起來把它吃掉。耶穌邊走邊「掉」櫻桃，彼得也就只得費力地彎了十八次腰。

耶穌笑著對彼得說：「如果一開始你能按我要求的做，你只要在開始時彎一次腰就行了，就不會在後來沒完沒了地彎腰了。」

彼得因為沒有按照耶穌的要求去做，所以給自己帶來了很大的麻煩，不得不彎腰十八次。如果他一開始就能「落實」耶穌的指示，他只要彎下一次腰就行了。不能服從指示，就不可能順利地吃上「櫻桃」，甚至吃不上「櫻桃」。

對於服從，人們並不陌生，因為這是一種非常普遍的現象：幼兒時期服從父母，上學期間服從老師，到社會上工作後服從上司。

有一位叫卡特的年輕人，上司讓他去一個新的地方開闢市場，那是一塊十分偏僻的地方，公司生產的產品在很多人看來要取得銷路是十分困難的。因此，在把這個任務分派給卡特之前，上司曾經三次把這個任務交給過公司裡其他人，但是都被他們推拖掉了。他們一致認為那個地方沒有市場，認定這個任務的最終結果將是一場徒勞無功。卡特在得到上司的指示後什麼話也沒有多說，只帶著一些公司產品的樣品出發了。

三個月後，卡特回到了公司，他帶回了令人振奮的消息，那裡有著巨大的市場。其實，卡特在出發之前，他也認定公司的產品在那裡沒有銷路。但是，由於他堅決的服從意識，他毅然前往，並用盡全力去開拓市場，最終取得了成功。

卡特的這種落實精神應該是所有員工都必須具備的。只有服從上司，才能把上司安排的工作落實到位。沒有服從，就沒有落實。做一個落實型的組織成員，服從是最基本的素質。

一個落實者，無論他多麼有才華，如果他不具備服從的品性，那麼他最終會一事無成。很多有才華的人，之所以最終一事無成，在很大程度上，就是因為他們缺乏服從的品性。

任何人都要受到一定制度的約束，這種制度既是對每個人的制約，又是每個人獲得公平待遇的保證。大到一個國家、軍隊，小到一個組織，成員是否具有良好的服從意識將決定其事業的成敗。作為一名員工，就更應該認真對待企業裡的每一條規章制度。只有這樣，才能切實做好本職的工作。

服從時要暫時放棄個人異議

在企業裡，如果員工不遵守規章制度，沒有員工對企業的服從，企業任何絕佳的戰略和設想都不可能被執行下去；沒有員工的服從，任何一種先進的管理制度和理念都無法得到有效的貫徹落實。因此，每一位員工都必須服從上司的安排，就如同每一個軍人都必須服從指揮官的指揮一樣，如果說軍人的天職是服從，那麼換句話說，服從也是員工的天職。

服從是行動的第一步。服從上司，是組織中成員要學習的第一課。每一位員工都必須服從組織的整體利益，在這個大局的協調下，服從上司的具體工作安排。作為組織的一分子，你是組織內部運行環節的一個重要部位，只有嚴格遵照指示做事，才能確保整個組織業務流程的正常運轉。

作為一名員工，首先要有服從的態度。下屬服從領導，是上下級開展工作、保持正常工作關係的前提，是融洽相處的一種默契，也是上司觀察和評價自己下屬的一個尺度。一個團隊中，如果下屬不能無條件地服從上司的命令，在達成共同組織目標的過程中，就會產生一些不必要的障礙。

服從，意味著你必須暫時放棄個人的異議，約束自己去適應所屬機構的價值觀念。所謂服從，也就是說，上司的命令必須服從，下級沒有權力判斷上司指令的對錯，上司的對錯只能由上司的上司來裁定。員工絕不能自作聰明，認為上司的指令不正確、不合理，就不去執行。

對來自上司的決定、指令必須無條件地服從，並且要形成習慣，即使不理解的也要很認真地去執行。從另一方面講，一個人在學習服從的過程中，對其機構的價值觀念、運作方式才會有更透徹的瞭解。

服從應該是主動的

為了做到更好的服從，我們對上司應該要有一個清楚的認識，不能認為它僅僅是一個頭銜。上司之所以在一定的職位上，是因為組織賦予了他一定的職權。上司是法人或是受法人之托，他的行為是一種組織行為，所以不尊重或不服從上司，對抗破壞的就是組織的整套管理指揮系統。

作為一個組織中的一員，一定要相信自己的上司。他既然能成為你的上司，他肯定有他一定的過人之處。不能因為上司的領導方式不合你的口味，就不服從他的領導。一個好的員工，應該是一個適應領導的高手，只有適應了上司的領導方式，在執行起上司的指令時才會得心應手。

其實，在這個世界上，每一個人都必須學會服從，不管你身處什麼樣的機構，地位有多高，個人的權利都必然會受到一定的限制。企業界亦然，即使是企業的總裁，還需要服從於董事會、股東大會和消費者的利益。對於我們個人來講更是如此。

當然，我們所說的服從絕不是不動腦的盲從，不是被動地聽從，而是自動自發地服從，是主動地服從，是發自內心地相信自己能夠圓滿完成任務，而不是來自各方面壓力的服從。

作為一個負責的員工，如果你認為企業的規章制度有什麼不完善之處，或者上司的一些工作方式有些欠妥，你應該主動請示上司，向他提出切實可行的建議，更好地促進公司的發展。但要掌握方式、方法、場合以及時機，找個適當的時機慢慢和上司溝通，委婉地闡述一下自己的看法。

與此相反，各自為政的無政府主義不但會毀掉個人的前途，也會腐蝕掉整個團隊的戰鬥力。在一些單位裡，經常會有一些紀律觀念淡薄、服從意識差的人，他們是上司們最感頭疼的「眼中釘」。這些人或是身無所長，上進心不強，對上司下達的命令蠻不在乎，或是自以為懷才不遇，恃才傲物，對分配的工作百般推拖。這樣的員工只會令上司徒增煩惱，更不可能被委以重任。同樣，沒有服從精神的企業一定會失敗，如果一個企業裡，每個員工都不按照公司的命令做事，各做各的，那整個企業就成了一盤散沙。所以說，服從，請放棄任何藉口。

服從的本質，就是無條件地遵從上司的指示。服從者必須放棄個人的主見，一心一意地服從其所屬組織的價值理念和指令。一個團隊，如果下屬不能無條件地服從上司的命令，那麼就很難達成共同目標。

服從應以團隊為重

一個高效率的企業必然有良好的服從理念，一個優秀的員工也必須有服從意識。因為所有團隊運作的前提條件就是服從，從某種意義上可以說，沒有服從就沒有一切。一個優秀員工不但把公司規定的職責執行到位，而且能根據具體的市場狀況向上司提出更多的合理有效的意見，在執行的時候能更加吻合公司的意圖，並且提高效率和節省成本。

對上司已做了決定的事情，理解了要服從，不理解的也要堅決服從，努力執行，絕不表現自己的小聰明。另外，你還要學會去體諒老闆。如果你能換位思考，站在他的角度上去看問題，就會更好地理解到有時老闆的言行不一定是對下屬的苛求，換了你可能也會一樣。

要做到更好的服從，不僅要對其企業的價值理念、運行模式等有一定的認識，還要清楚自己與組織許可權的範圍。一些表現出色的員工以為個人地位高過了公司，他們可以隨心所欲地處理問題，而不必聽從上司的指派，這對於公司的整體發展無疑是不利的。

我們每個人都不可能脫離社會或者某一個團體和組織，而集體的利益總是要大於個人利益的，我們必須學會維護集體的利益而去絕對執行。執行不僅是為了企業而做，更是為自己而做，為企業而做最終也就是為自己而做。不僅人生如此，工作也是如此，如果你總是沉迷於索取與回報，那麼你最終會一無所獲。

有的員工因為自己的利益沒有得到完全的滿足，或是自己的獎金比別人少，房子比別人小，或者評職稱不如意等，就有可能叛逆之情頓生，大有劍拔弩張之勢，認為上司的決策與自己有根本性分歧，或上司交辦的事情對自己並無好處，而不願執行上司的決定。

全力而迅速地執行任務，這是一個非常重要的指標，是管理效能的一個非常重要的方面。只要你身為公司的員工，你就要謹記一點：你是來協助上司完成經營決策的，而不是由你來制定決策。所以，你應該全心全力去執行上司的決定。

為了保障公司計畫或方案的有效執行，必須保障指揮者的權威地位，所以積極配合其工作才是上策。在服從上司決定的同時，主動獻計獻策，既積極配合上司工作，表現出對上司的尊重，又能適當展現自己的才華。如果有不同意見，可以在上司沒做決策前提出建議，一旦上司決定了，就要堅決服從。「令行禁止」的企業才有高效率，才有競爭力。

服從要注意細節

見到老闆或上司，應該主動起立問候。如果距離遠，不便呼叫，可注視點頭示意就可以，近距離相處則用禮貌用語打招呼。

在公司以外的地方，碰到老闆或上司，佯裝看不見而避開，或自覺矮人半截，或自命不凡秉性傲岸，都是有損於人際交往精神的，人的才智必於群體中才可充分發揮出來，避而不見，顯得鬼鬼祟祟而有欠大方。

不要在公司電梯裡或辦公室有第三者的情況下與老闆或上司談家常，特別是他們的家事。遇到老闆或上司時，應注意修整一下自己的服裝儀容，有佩戴識別證者，要調好擺正，以示尊重。在公眾場合遇見老闆或上司，不要表示出特別熱情，禮貌問候就行了，特別不要問寒問暖跟他說個不停。

無論在公司內還是公司外，只要老闆或上司在場，離開的時候你一定要跟他們招呼一下「對不起，我先走了」，或者說「再見」無論你與老闆或上司私下是多好的朋友，在工作場合說話與辦事都要掌握分寸，隨時把他當做上司對待，保持他的權威感。不要當著其他員工的面討論你們的私事，或者勾肩搭背。

當老闆或上司坐著時，從他們身邊擦過，一定要說「對不起」表示歉意。前晚如果老闆或上司請客吃飯或喝茶什麼的，第二天一早見到他們時一定要再次致謝。如果老闆或上司受邀並參加了你的派對或你舉辦的活動，一定要當面致謝，並應送個小紀念品以示謝意，哪怕是一張小小的卡片。

在工作中的酒會、宴會上一定要等到老闆或上司舉杯了，你才可以舉杯，或者是你舉杯敬他們。但是千萬不要拿起杯子一句話也不說一飲而盡，那他們會以為你對工作有不滿情緒，更不要在他們面前醉酒失態。

在公車上或大眾交通運輸工具上遇見老闆或上司，要主動招呼並讓位，下車時說「再見」。偶然碰到老闆或上司涉及隱私的事情時，應裝作沒看見或看不清、看不懂，不要觸及他們的隱私，更不要再次提醒，或在公共場合、公司同事間傳播。

進老闆或上司辦公室應先敲門，報上名字，並在門外等待一會再進去，可讓他們有準備地見你。不要盯著女性老闆或上司那張偶爾沒化妝的臉看，更不要告訴她「您化了妝是多麼的美」。

遲到、早退與請假都應該自己寫假條或打電話向老闆或上司本人報告，不要請家人或同事傳話。理解老闆或上司的命令和要求的意圖，不要機械行事。出了錯，不要找藉口，更不能說「是您叫我這樣做的」。老闆或上司講話時不要插嘴，更不要在挨批評的時候插嘴。要學會自我檢討，不能推諉責任。

與老闆或上司一起出差，絕對不要訂同一個客房，老闆或上司進房後，飯店客房成了他們暫時的私人空間，如果要找他們談工作，必須打電話聯繫，不要貿然去敲門。

不要與老闆或上司在同一時間上洗手間，特別是洗手間小的時候。老闆或上司給紅包的時候，不要當面拆開，應該立即致謝。不應該把所得紅包的具體金額告訴周圍的同事，因為老闆或上司把紅包包起來可能是一種不公開的獎金方式。

【智慧語錄】

一個受企業歡迎的人，必然是一個主動服從的人，因為，只有服從才能不折不扣地去執行，沒有服從就談不上執行。某集團董事長曾經這樣說：「我最不喜歡的員工，就是那種你對他說了很多事，他往往只會說行，知道了，但是最後做的結果根本不是那麼回事，或者根本沒有去執行的人。」

對待規章制度一定要「小題大做」

「如果人們將極端行為歸咎於虛榮，將中庸行為歸咎於習慣，將小題大作的歸咎於恐懼，那是很少會有錯的。」

——德國哲學家，尼采

嚴格對待規章制度

任何企業的各項規章制度都不能成為擺設，公司常以有效的手段保證其得以貫徹落實，一旦發現有人違規犯戒，就會受到懲處，絕不姑息遷就。有責任是一種生活態度，不負責任也是一種生活態度，作為企業的一名員工，有責任遵守公司的一切規定。當你違背了公司的規定但卻沒有足夠的理由，形式上的懲罰並不能掩蓋你對自身責任的漠視。

在辦公室裡，往往會有一些規章制度掛在牆上，或印成小冊子發放給職員。作為一名職員，應該時時事事遵守這些規章制度。公司制度是企業的秩序和規範，是確保企業有效健康運行的法則，如果法則遭到破壞，就會擾亂公司的正常秩序，企業的健康發展就會受到影響。員工嚴格遵守公司制度，有利於公司的正常運行。

美國化妝品公司 MARY KAY 創辦人瑪麗．凱在闡述她的做法時說：「我每次遇到員工不遵守紀律時，都採取一種與他人十分不同的處理方法。我的第一個行動，是和這個員工商量，採取哪些具體措施以改進工作。我提出建議並規定一個合情合理的期限。這樣，也許會獲得成功。不過，如果這種努力仍不能奏效，那我必須考慮採取對員工和公司可能都是最好的辦法。當我發現一個員工不遵守紀律、工作老出差錯時，就決定不要他！因為遵守紀律沒商量餘地。」因此，作為員工一定不能將企業的任何規章制度當成小事來對待。

小事也得注意

對於許多職場新人來說，不能說他們不關心所在公司的規章制度，只是他們更關注的似乎是公司的薪資福利和可用資源，如休假、獎金發放、出差標準及補貼、醫療保險等等。應該說，作為上班一族，你關注這些沒錯，而且是應該的，不過，作為一個職場新人，你光關注這方面的東西還不夠，還必須瞭解公司在勞動紀律、獎懲等方面的各種規章制度。其實，只要是具備一定管理水準的公司，在對新員工進行職前培訓的時候，大都會全面地介紹公司的各種規章制度，只是一些職場新人對這方面的問題心不在焉罷了。

要知道一顆衛星送上天的過程中，同樣也有很多細緻的準則做監督，只有按照這些細緻的準則行動，衛星才能擺脫地球的引力，安全獨立地圍繞地球旋轉。

這些準則正如同公司的紀律和規章制度，沒有它們的存在，一個企業很難正常地運作和發展。

做事做人要自律

現在許多職場新人在違犯了公司的規章制度後，總是喜歡用「我不知道」或「我不是故意的」為自己開脫。作為初犯，公司可能會原諒你，但即便如此，你也給上司和同事留下了不良的印象。如果你老是對公司的一些規章制度視而不見的話，有可能哪天你就會被公司炒了魷魚。

曾經有一位頂尖大學的高材生來到了一家國內大型的傳媒公司工作。雖然公司的規章制度上明確規定：公司任何員工在夏天上班時間不得穿著休閒短褲和拖鞋等，但他依然時常違反規定，穿著這一類衣服在公司中穿梭，公司中的主管多次警告他說一定要注意遵從公司著裝的禮儀，否則會影響公司對外的形象。但他心想：「我只要有能力做好自己的本職工作就行了，至於怎麼穿衣服那是我個人的私事，別人無權干涉。」於是，他依然我行我素，不久之後，他突然接到公司經理打來的電話，通知他已被公司解聘。

他心中十分懊惱，氣衝衝地跑到經理室來理論，沒想到經理很平靜地解釋道，解雇他，不是因為他的能力，而是因為他始終不能遵從公司的規章制度，尤其是服裝儀容，因為他們公司絕對不容許有一個不遵從公司內部規章制度的人存在。此時，他才真正意識到了自己不遵從公司紀律付出的慘重代價。

作為一名員工，既然來到了一家企業和公司，就要無條件地遵守它內在的企業文化、公司的規章制度，也就是要遵循所謂的「遊戲規則」，如果哪一位員工不信奉這一規則的話，那只有被迫放棄參與遊戲的權利了。

追究根源，任何一位遵從組織紀律的優秀員工，都是一位善於自律的人，一位自我管理、自我負責的人。自律，即自己給自己一個紀律。也就是說把自己當做是自己的老師，是一個自我推動者、自我塑造者、自己的跟隨者。你必須在思想上認定沒有人能夠比你更好地教你自己，沒有人比你自己更值得你去跟隨，沒有人能比你能更好地改正你自己。

服務於英國警界三十多年的尼格爾的自律是一以貫之的。無論是在工作上，還是生活上，他都是一個嚴以律己的人。有一次，他的母親在公園散步時擅自摘取花朵，當他發現後便毫不留情地把母親拘控。不過，罰款定了以後，他立刻替母親交付那筆罰款。他解釋說：「她是我母親，我愛她，但她犯了法，我有責任像拘控任何犯法的人一樣拘控她……」

尼格爾是令人敬佩的，但世界上這樣自律之人畢竟只是極少數，否則他也不可能榮獲「世界最誠實員警」的美譽了。只有能夠嚴於律己的人，才是能夠遵守一切紀律的人，也才是現代企業所苦苦尋求的那種視服從紀律為生命，拒絕一切藉口去執行的優秀員工。

紀律是事業成功的保證，一個員工只有遵守紀律，才可能在企業中得以生存和發展，畢竟任何自由都是有限制的自由，絕對的自由不存在；一個企業只有具有了遵守紀律的員工，才可能有強大的凝聚力、戰鬥力和進取精神，所以無論企業發展還是一個人成功，都需要紀律，而且必須是無條件地，沒有任何藉口地服從這些紀律！古語說：無以規矩，不成方圓。這其中的深意值得每個企業和員工認真思索。

遵從公司的規則

李玟晴大學畢業後，在一家網路公司工作。在技術部，她的業務能力非常強，原本亂七八糟的資料庫，到她手上就都順暢了。優化後的資料庫與程式使網站運行效率大大提高，由於工作業績顯著，李玟晴在試用一個月後就轉正式員工了。可是她有一個缺點：遲到。

她一個月內就有五次遲到，而且有三次都是遲到了半小時以上。針對這種情況，公司訂定了一項規章制度，一個月遲到五次以上，或遲到時間累計超過兩個小時，公司可以辭退員工。為了避免李玟晴被辭退，經理特意找她談話，讓她以後要注意點。李玟晴覺得很不可思議，不就是遲到嗎？有什麼大不了的，只要我的工作做得好就行了。由於沒有認識到事情的嚴重性，沒過多久，她又一次遲到，並且遲到了半個小時以上。接下來的半個月內，她連續遲到了五次，人力資源部經理決定辭退她，儘管技術部經理再三為她爭取機會，但為了維護公司制度的權威性，最後公司還是辭退了李玟晴。

俗話說「無規矩不成方圓」，對於企業而言，規章制度就像國家的法律一樣承擔著神聖的使命。每一個公司都會制定各種嚴格的規章制度來約束員工行為，在規章制度面前是嚴肅的，不講人情的。

規章制度用來規範員工們的行為，同時也保護了廣大員工的利益，而員工的利益與企業的利益息息相關。如果某些員工在企業內打架鬧事，胡作非為，大而蓄意破壞，小而遲到早退，將直接影響企業形象和正常生產。同時甚至威脅到員工的人身安全，產生不安情緒，污染工作環境。沒有好的工作情緒，也就沒有好的工作效率。

【智慧語錄】

一個人的時間觀念很重要，因為它代表著一份責任心，在老闆的眼裡，經常遲到的員工是缺乏責任心的表現。因此，要想在事業上做出一番成就，首先就應該嚴格要求自己，不能因為私事而破壞了企業的規章制度。嚴格遵守規章制度是每位員工的必修課。

不能讓自由成為慣性

「紀律是自由的第一條件。」

——德國哲學家，黑格爾

工作上收起個性

張煥超在公司裡的表現很出色，各方面綜合素質和能力都受到了同事們的肯定，但是由於沒有處理好與上司的關係，經常與上司鬧矛盾，甚至頂撞上司，結果與很多本來屬於自己的機會失之交臂，升職加薪更是無望。他是一個堅持己見、個性獨立的人，完全不顧上司的感受和想法，只是站在自己立場上想問題，也從未想到要改變自己對上司的態度和自己的行事風格。因此到公司兩年多了，自己的前途依然渺茫，除非上司換人，否則自己將沒有出頭之日。為此他心裡非常氣憤，也後悔自己一開始就沒有和上司把關係處理好，不然憑自己的本事一定可以做出一番成績。

張煥超由於自己的個性使然，使得自己無法與上司建立融洽的關係，這對於他的個人發展無疑是十分不利的。上司決定下屬的升遷去留，因此很多人都明白與上司搞好關係的重要性，但不是每個人都懂得如何與上司溝通。

自己的上司和老闆常常會給人這樣一種印象：令人畏懼、難以理喻、無所不在、無所不能。對於你必須聽命於他的那個人，你可能已經形成了這樣的印象，似乎與老闆或是上司打交道就比較困難。的確對你而言，你的老闆與社會上的其他人是不一樣的，就你和老闆的關係而言，有一些基本原則和事項必須考慮。作為員工，既然來了企業裡面，就必須開始遵守企業的規章制度，以及上司的安排，摒棄自己以往自由散漫的惡習。只有這樣才能被企業和上司所認同，同時也不會與上司將關係搞僵。

不可過分放縱自己

生活中小事無度會傷身。比如適量飲酒，活血化瘀，失去分寸則傷肝；適時睡眠，除困解乏，過度則精神倦怠；言多必失，食多必胖。人生如果放縱自己，沒有自制力，則會傷「心」。

業餘搞點愛好，利於放鬆，可如果失去分寸，則會玩物喪志。二〇〇〇年小布希擊敗高爾成功當選為美國總統。但你可曾想到，這樣堂堂的美國總統，年輕時候卻是放蕩不羈、缺管自制力的不良少年。學生時代的布希，學習成績一般，但對於吃喝玩樂他卻樣樣在行。平時他整天與「豬朋狗友」四處遊蕩，無所事事。他最大的喜好就是騎著自己那輛哈雷機車，載著時髦女孩在大街上飆車。除此之外，每天晚上，他總是泡在各色的舞廳裡，不到深夜不會回家，而且每次都是醉醺醺的。老布希看兒子如此不濟事，多次諄諄教導，但是小布希總把父親的話當耳旁風，依然故我。直到一天，一個很特別的女孩出現在他面前，她的美麗和純潔一下子打動了這位「花花公子」的心。在這位女孩的影響之下，小布希警醒了，他慢慢克制自己的放縱行為，奮發努力，投入政界。經過一番比拼，他終於成就了自己的輝煌，登上了總統的寶座。自制是一種美德，節制是一種策略，恰到好處的適度，是身心健康的前提。

民間有這樣的一個傳說：在泰山腳下有一塊「三笑石」。傳說從前有三位百歲老翁經常在這塊石頭前鍛煉身體，他們個個神采奕奕，精神矍鑠。有人問他們長壽的秘訣。甲說：「飯前一盅酒。」乙說：「飯後百步走。」丙說：「老婆長得醜。」三人說完哈哈大笑，「三笑石」因此得名。三位壽星的養生秘訣十分簡單，卻耐人尋味。飯前飲適量的酒可以開胃，飯後適當運動有助消化，而老婆醜則可能會像蘇格拉底所說：「老婆醜，可能會成為一個哲學家。」

在北極圈裡，北極熊是沒有什麼天敵的，但是聰明的愛斯基摩人，卻可以輕易地逮到牠。愛斯基摩人是怎麼辦到的？就是靠上帝給人的智慧吧！

他們殺死一隻海豹，把它的血倒進一個水桶裡，用一把雙刃的匕首插在血液中央，因為氣溫太低，海豹血液很快凝固，匕首就結在血中間，像一個超大型的冰棒。做完這些之後，把冰棒倒出來，丟在雪原上就可以了。

北極熊有一個特性：嗜血如命。這就足以害死牠了。牠的鼻子很靈，可以在好幾公里之外就嗅到血腥味。當牠聞到愛斯基摩人丟在雪地上的血冰棒的氣味時，就會迅速趕到，並開始舔起美味的血冰棒。舔著舔著，牠的舌頭漸漸麻木，但是無論如何，牠也不願意放棄這樣的美食。忽然，血的味道變得更好，那是更新鮮的血，溫熱的血。於是牠越舔越起勁——原來，那正是牠自己的鮮血。當牠舔到冰棒的中央部分，匕首刺破了牠的舌頭，血冒出來。但這時牠的舌頭早已麻木，失去了知覺，而牠鼻子卻很敏感，知道新鮮的血來了。這樣不斷舔食的結果是：舌頭傷得更深，血流得更多，通通吞進自己的喉嚨裡。最後，北極熊因為失血過多，休克昏厥過去，愛斯基摩人就走過去，幾乎不必花任何力氣，就可以輕鬆捕獲牠。

那麼，對你來說，什麼是最重要的？不必急著回答，先想想，你會是那隻北極熊嗎？你會一邊吸著自己的血，一邊享受幸福的感覺嗎？

壞習慣就是慢性病

有人說一些小的壞習慣並不防礙什麼。其實不然，壞習慣是一種慢性病，就像蟑螂一樣。你見過一種名字叫做蟑螂的可怕的動物嗎？可能有，也可能沒有。但是如果你瞭解蟑螂的話，你就會感到無比的恐懼。

蟑螂最大的特點在於：當你把僅僅是一隻叫做蟑螂的東西帶到了你的新家，你很快就會發現，整間乾淨的房子都變成了牠們的天下。牠們的繁殖能力極為驚人。但是牠們的危害遠不止於此，真正可怕的是蟑螂最喜歡髒東西，什麼地方不乾淨牠就往什麼地方去。即使是乾淨的地方，被牠們爬過，也會變成細菌孳生的場所。

你可能使用一些手段來企圖殺死牠們，比如蟑螂屋、蟑螂藥等等現代化的科學武器，但是你發覺蟑螂們也顯然進入了現代化，無論何種手段，牠們總是越戰越強，生生不息。牠們更重要的優勢是無孔不入，只要有一點點藏身的地方，牠們就可以安頓下來繁殖生養，然後出去傳播病毒和骯髒。所以你的衣服，你的箱子，你的櫃子，你的床都變成了牠們恣意表現的舞臺。

最後發現，把他們殺死的唯一的辦法也許就是：丟掉所有的衣服，所有的箱子，所有的櫃子和床。其實，一個人身上的壞習慣又何嘗不像這些蟑螂呢？牠可能由一隻小小的蟑螂開始，但是最終卻形成了強大的力量。牠們存在的個體雖然小，但是通過無數次的克隆和重複繁殖，牠們獲得了巨大的破壞力量。甚至你想方設法採取一些先進的方法都不能奏效，直到你丟掉你房間裡的所有的東西。

習慣就是力量，有好也有壞。壞習慣就像一種慢性病，可能一開始並不引起你的注意，但是如果不能引起重視，發現得越晚，損失就越大。

及時改掉壞習慣

人們經常做的一些小事情在不知不覺中就會養成某種習慣，而習慣的力量是相當大的，它會使你的思想成為它的俘虜。但人也都有一種能力，可以以堅強的意志力克服掉壞習慣。

有段時間，石油大王保羅·蓋蒂抽菸特別凶。一次，他度假經過英國，那裡剛好下大雨，於是蓋蒂在一家小旅館過夜，吃過晚飯後，他很快睡去。

蓋蒂在淩晨兩點突然醒來，很想抽一根菸。他打開燈，伸手去拿睡前放在桌子上的那包菸，卻發現是空的。他又繼續在隨身攜帶的行李中尋找，結果仍一無所獲。蓋蒂知道旅館的酒吧和餐廳早已關燈，這時若把不耐煩的房東叫醒，後果是不堪設想的。他唯一的辦法是穿上衣服，走到幾條街之外的火車站去買煙，而外面的大雨仍未停，路面特別泥濘。但是，要抽菸的欲望不斷侵蝕著他，想來一根的念頭越來越濃厚。於是蓋蒂脫下睡衣，開始穿外衣。他剛剛換好衣服伸手去拉門的瞬間，蓋蒂突然停了下來，開始大笑。他突然發現自己的行為非但不合邏輯，簡直荒謬之極。

蓋蒂站在那兒尋思：「一個所謂成功的商人，一個自認為有足夠理智對別人下命令的人，竟要在三更半夜離開舒適的房間，冒著大雨走過幾條街，僅僅為得到一包菸。」蓋蒂生平第一次注意到這個細節問題。他已經養成了這個習慣，他願意犧牲極大的舒適去滿足這個習慣，而顯而易見的是這個習慣沒有任何好處。他明確地注意到這一點，並很快作出決定。蓋蒂把那個仍放在桌上的菸盒揉成一團，丟進垃圾筒裡，然後脫下衣服上床睡覺，並帶著一種解脫、勝利的感覺。從那以後，蓋蒂再也沒有抽過一根菸，也沒有抽菸的欲望了。

【智慧語錄】

習慣是在點滴的小事中養成的。要想養成好習慣，那麼你所做的每一件小事都要力求正確；而壞習慣的養成，則正是因為有些事雖是不正確的，但看上去並沒有太大的危害，便不去加以注意。在人的一生中，你的行為要受到偏見、貪婪、恐懼、環境、習慣等巨大影響，其中最可怕的就是壞習慣。你若被它俘虜，被它控制，你就會在毫無知覺的情況下一步步掉向深淵。

「小毛病」會釀成大患

「人應該支配習慣，而絕不能讓習慣支配人，一個人不能去掉他的壞習慣，那簡直一文不值。」

——蘇聯作家，奧斯特洛夫斯基

積小成大，積非成是

有些很不好的動作與習慣，久而久之，你已經習以為常，然而就在你沒察覺到危險的時候，危險開始襲擊你了。

有一條寬闊的馬路，車來車往，川流不息。馬路中間的欄杆讓人破壞出了一個缺口，儘管往兩側走上二百公尺各有一座天橋，但許多路人還是為了省時間和力氣從這裡穿越馬路。久而久之大家都習慣了，甚至連白髮蒼蒼的老人都拉著小孩的手堂而皇之地走過去。終於有一天，隨著一聲刺耳的煞車聲，一對挽著手的情侶倒在血中……

其實，生活中、工作中類似的事情還很多。有些不應該的動作或行為潛藏著巨大的危險，也許起初人們對其尚有一份警覺，但隨著重複次數的增多，你的潛意識中也許就把不應該當成了應該，把危險變成了安全。你習慣這樣了，不覺得有什麼不對，可其中潛伏的危險因素消除了嗎？沒有，反而在你習以為常的時候，它正一步步向你逼近。

在部隊軍訓時，有個戰士和戰友開玩笑，他上起刺刀裝模作樣地刺向戰友。他以為戰友會躲開，戰友以為他不敢刺，結果刺個正著！大哲學家柏拉圖曾有一次就為了一件小事毫不留情地批評了一個小孩，因為這個小孩在玩一個很愚蠢、很危險的遊戲。小男孩不服氣，說這只是一件雞毛蒜皮的小事，柏拉圖說：「你經常這樣做就不是小事了。」

另外有一個人開車技術不錯，已有多年駕駛經驗，但他開車時總是小動作不斷，點根菸啦，換張ＣＤ啦，看看路邊正妹啦等等。旁人說他他不聽，而反倒說：藝高人膽大。結果在橋上，他連人帶車從橋上衝了出去，原因再平常不過：在高速急轉彎的同時，他低頭正在挑ＣＤ。有時候，許多的災難都是因為一些小毛病而造成，所以我們要堅決杜絕自己的一些壞習慣和小毛病。

壞習慣再小也要改掉

天底下願意做大事的人很多，但願意做小事的人卻很少。從古至今，為什麼成就功業者總是極少數呢？原因就是很多人光想著去「掃天下」，卻不知道「掃天下」必須從「掃一屋」開始。

這裡討論的「掃一屋」，說的就是能夠決定我們人生成敗的「個人習慣」問題。每個人的習慣都是由日常工作和生活中的小事和細節組成的，能夠做好了這些細節小事，才有可能成功。偉大來自於細節的積累，好的習慣即使再小，養成了也有助於成事；壞的習慣再小，不「掃掉」就成為了一事無成的禍端。

古人告訴我們的「一屋不掃何以掃天下」，說的就是把我們的壞習慣「掃除」，養成良好的工作和生活習慣。

一個人的某些惡習和不良習慣並非與生俱來，而是後天慢慢養成的。有些壞習慣可能對我們的工作和生活並無大礙，但有些壞習慣足以讓我們的工作和事業前途命運多桀。那麼，先讓我們看看一些每個人都可能有的「壞習慣」：

思考問題時的「壞習慣」：對任何事情，都會反覆思考，務求周全，但只看大局不看小節，凡事只會往壞處想等等；

工作時的「壞習慣」：隨心所欲，想做就做，將就應付，拖拖拉拉，馬馬虎虎，粗粗糙糙，半途而廢，一條路走到黑，明知到了死胡同也不知道要轉彎等等；

日常生活上的「壞習慣」：不守時，抽菸，酗酒，不愛乾淨，生活作息無規律，飲食無度等等；

為人處世上的「壞習慣」：不守信用，總是要別人給自己好處卻不給別人好處，出了問題愛找藉口，總是把責任推給別人，把功勞往自己身上撈等等。

習慣往往是一個人內在主動和外界刺激經過長期累積而成的。先是有意識地成為自己行為的一部分，形成習慣後，便變成了一種不自覺的行為模式，進而忘了它的存在。而這正是「習慣」的力量所在。更為關鍵的是，習慣通常是由人的一些小事和細節累積而成的。如果，是好習慣，就應該保持，但若身上有了壞習慣，就應該儘量想辦法去戒除。正如「一屋不掃何以掃天下」，你如果連自己的壞習慣都「掃」不掉，又何以能成大事呢？

那麼，我們怎樣才能知道自己的壞習慣呢？首先，你可以拿出筆和紙，從考慮問題到為人處世，從工作辦事到日常生活，把你所能想到的壞習慣都一一寫下來，然後與自己生活、工作和事業上所發生的一切相印證。例如，若你有辦事「拖拖拉拉、半途而廢、將就應付」的習慣，是否就會發現自己總是做不成一件事，或者辦事差強人意？若你有「只想別人給自己好處卻不給別人好處、愛找藉口、有功勞往身上撈」的習慣，是否就發現了自己身邊的朋友越來越少？若你有抽菸、酗酒等不良習慣，你是否發現自己的身體開始犯毛病了。其次，你可以看看別人對你的意見。「旁觀者清」，別人的意見是你最好的鏡子，而且別人看得到的往往也是你看不見的或者你不願意看到的，因此別人的意見絕對要重視。

每天反省自己

德國詩人海涅說過：「反省是一面鏡子，它能將我們的錯誤清清楚楚地照出來，並使我們自己從錯誤中總結經驗，以便有改正的機會。」

古人云：吾日三省吾身。一句很簡單的話卻蘊涵著精深的道理。人只有不停地通過自我反省，才能不迷失方向，才能提高自己的人生境界。人貴有自知之明，要經常反省自己在做人、行事、學習、人際上有哪些問題，哪些做錯了，哪些做對了。錯則改之，對則勉之。要經常解剖自己，發現自身的缺點和過失，並立刻改正。人如同一塊天然礦石，需要不斷地用刀去雕琢，鏟去不必要的部分。雖然這個過程有些痛苦，但只有經過細心雕琢後的礦石才能更光彩照人、身價百倍。其實，自我反省就是自我提升。

英國著名的經濟學家凱恩斯，同時也是華爾街投資公司的高級顧問。他的一生非常成功，年紀輕輕就已經是百萬富翁了。當記者問其成功之道時，凱因斯說：「我有一個習慣，喜歡為自己制訂計畫。計畫包括每一年的計畫，也包括每個月的計畫，甚至還落實到每一天。可以這樣說，我之所以能夠取得成功，這些計畫起到了非常重要的作用。」

記者問：「計畫？怎麼利用這些計畫呢？」凱恩斯說：「只有計劃還是不行的，還要嚴格地執行計畫，這就涉及到自我反省。我每天都要反省，看一看今天有什麼收穫，有什麼地方做得不好。凡是沒有做好的地方，必須想辦法彌補回來。同時，再想一想今天的成績，用它們來鼓勵自己繼續努力。同樣的方法，每一個月，每一年都要做這樣的反省。」

法國牧師納德·蘭塞姆去世後，安葬在聖保羅大教堂，墓碑上工工整整地鐫刻著他的手跡：「假如時光可以倒流，世界上將有一半的人可以成為偉人。」一位智者在解讀蘭塞姆手跡時解釋說：「如果每個人都能把反省提前幾十年，便有百分之五十的人可能讓自己成為一名了不起的人。」他們的這些言論，實質上闡述的都是反省之於人生的重要意義。

反省，是一種最優秀的特質之一，只有經常反省的人才能進步。每天進行心靈盤點，時刻進行自我檢查與審視，及時知道自己近期的得與失，思考今後改進的策略，從而才能取得更出色的業績，事業才能得到更長遠地發展。日本「保險行銷之神」原一平每天晚上八點進行反省，並將之列入每天的計畫，把反省當成每天的工作，最終摘取了日本保險史上「銷售之王」的桂冠。

注意細節中的「小毛病」

有的人因為注重細節而成功，有的企業因為注重細節而壯大。同樣，也有人因為忽視細節而一事無成，有些企業因忽視細節而逐漸走向下坡路。眼下越來越多的企業都開始關注行銷這個環節了，很多時候，企業本身策劃的活動並沒有什麼戰略失誤，只是由於細節上的處理不當而導致了嚴重的後果。

有一家乳品企業，在城市做了一個大型的促銷活動，銷售總監說：「我們的推廣非常注重實效，每天都有一百二十輛嶄新的送牛奶車在全市穿行，車體廣告及品牌標誌醒目，車型和顏色整齊劃一，這無疑是一個很好的流動廣告，就算沒有送牛奶任務，我們的送牛奶車也會在街上開著繞。像這種宣傳方式，其他廠家根本沒有予以重視。」

活動剛開始時，的確吸引了不少市民紛紛前來購買這家企業的乳製品。有一段時間，很多家庭都開始飲用這個品牌的乳製品了，品牌效應日益明顯。然而，好景不長，一段時間後，很多家庭便不再堅持飲用這個品牌的產品了，銷售量頓時開始回落，甚至有的人宣稱，堅決不喝了。

銷售總監有些摸不著頭腦，趕忙派了幾個人進行明察暗訪，結果發現恰恰是用來宣傳的那些送牛奶車惹的禍。這些送牛奶車由於疏於維護清洗，時間一長，車身沾滿了泥汙，甚至還有的車廂有明顯破損，市民們看到這些，好感頓失。「這簡直是一種視覺污染，讓人難以忍受。那麼髒的車子還好意思在街上轉。我們不想喝這種牛奶了！」不少市民抱怨道。

該企業意識到問題的嚴重性，於是馬上對送牛奶車隊進行了整頓，要求其始終保持整潔明亮、產品新鮮衛生、服務熱情周到，並向當地用戶表達了歉意和改進的決心。

果然，該企業說到做到，市民們發現這家企業的送牛奶車果然清潔了，而且銷售人員誠摯熱情，他們還徵求用戶的建議和意見，並對那些提出好建議的用戶予以回贈。時間不長，這家企業往日的美好形象又在市民心中重新樹立起來，其產品當然也頗受歡迎了。

【智慧語錄】

不要以為那些潛伏著危險的不良習慣只是件小事，不要覺得你本事大，別人眼中的危險事對你而言如履平地，總有一天，它會反咬你一口的。

不把請假看成一件小事

只要請假一天，就會影響到自己的信譽。

——日劇《派遣女王》

切勿為了非必須的理由請假

有一家製造廠選在十二月二十五日作為重點日，這之前的一段日子裡，公司上上下下都忙得不可開交。這時，有一個員工患了感冒，他向上司請假，說要到醫院看病去，上司說這段時間很忙，能堅持就堅持，實在不行，再去看病。這個員工說大病都是小病引起的，上司只好批准他請病假，並抽調別人臨時代替他的工作。

下午，上司陪一位客戶外出去一個旅遊景點遊玩，卻看到那個請病假的員工跟自己的女友在景點旅遊，精神很好，看不出有什麼病的樣子，這個上司很生氣，從此對這個員工的印象大打折扣。

作為一個上班族，在公司最忙、最累、最緊張的時候，最好不要藉故請假，即使生病，只要還能上班就不要請假。否則，就會給人留下不好的印象：「竟然在這麼重要的日子裡請假，真是太不負責任了！」

如果一切按照公司的規定，而且在不影響工作的情況下請假，這樣自然沒有問題。但是，如果毫無計畫地請假，只要一有事，哪怕是一件微不足道的私人小事就請假，還自我安慰說：「反正我把工作做完了，就算今天請假，明天我會多做一點，沒什麼大不了的。」那就會為你日後工作造成麻煩，甚至影響個人前途。那麼，對於這些許多人都不會當成大的小事。

嚴格要求自己，不隨便請假

孫麗華和高文峰都是負責銷售的專業業務，兩人不斷地與客戶簽下訂單，為公司創造了利潤，在公司為他們考績評分時，發現他們倆的業績相當，協調性等各項條件都不相上下。上司很難判斷到底誰最好，一旦做出了錯誤的判斷，就可能會引起下屬的不滿。

在這種情況下，上司只好拿出兩人的出勤率作為判斷的方法，結果因為孫麗華的出勤率比高文峰高，高文峰時常請假，故判斷孫麗華比高文峰的績效好。高文峰僅僅因為動不動就請假，而掩蓋了他諸多優點和功績，失去了升職和加薪的機會。

作為上班族的你，可別隨隨便便地高興請假就請假。從請假的細節中，可以判斷這個人的敬業精神如何。要想在職場取得成功，給別人留下一個好印象，就要嚴格要求自己，不要隨便請假，即使生病，只要還能上班就不要請假，更不要因為逃避繁忙的工作或無關緊要的小事請假。

克服壞習慣的唯一辦法就是培養好習慣，因為只有一種習慣才能抑制另一種習慣。有這麼一個建議：「每天早晨醒來你最好大聲告訴自己『我要培養自己的好習慣克服掉壞習慣！』並堅持不懈地去做。」是的，每一個人都應努力做好小事情，養成好習慣，而不去做那些雖小但卻會造成壞習慣的事情。如果你能堅持這麼做，那你肯定是最棒的那一個。好的習慣讓人立於不敗之地，壞的習慣把人從成功的神壇上拉下來。

一個想成功的人，必須明白習慣的力量是如何強大，也必須瞭解養成好習慣一定要腳踏實地去做——認真做好每一件正確的小事，不去做任何一件不正確的小事。空談空想是毫無作用的。

嚴格要求自己，不遲到早退

生活中，我們常會看到這樣的情況：在清晨的公車站牌旁，上班族們都在翹首期盼，希望自己搭的公車能早到來。大家如此著急，就是怕違反了公司的規定——上班不可遲到。

許多剛進入社會工作的新鮮人由於在學生生活中自由慣了，一走到工作職位上的時候，不習慣按照公司的規定來約束自己，從而對公司內部的規定漠然視之。儘管工作起來幹勁十足，但是由於上班經常遲到早退，以致毀壞了自己的形象。其實，上班遲到也是公司最不能容忍的現象，因為正是這種拖拖拉拉的作風，嚴重地敗壞了全體員工向上的風氣，從而影響到工作效率。所以，如果想在事業上做出一番成績，首先要嚴格要求自己，上班時做到早到晚走，不要因為自己的私事破壞了公司的制度。

遲到是缺乏敬業精神的表現。在生活中，不守時是對人的不尊重。而在公司裡，遲到則是不敬業的表現。很多公司在評定員工的業績時，都把遲到早退作為一項重要標準。久而久之，用遲到早退去評價一個員工的敬業精神，已經成為約定俗成的了，很多公司已不在內部規定中去強調它。不去強調，並不意味著放棄，因為公司裡人人都知道這已經是無形的制度，沒人敢去觸犯它。如果你進了一家這樣的公司，千萬要記住這一條，否則，你將會為此付出代價。

卡洛爾所在的研究所沒有實行考勤制度，因此他時常遲到。同事們雖然嘴上不說，心裡卻十分不滿。一次，卡洛爾和一位同事發生了口角。卡洛爾得理不饒人，完全不給同事留有餘地，弄得同事十分尷尬。同事一時氣不過，就將卡洛爾經常遲到的事反映到了所長那裡，同時還歷數了卡洛爾在工作中的其他失誤。結果，所長經過調查，得知同事所反映的情況屬實，於是就毫不留情地撤了卡洛爾的職位，把他調到下屬的小工廠去當一名普通的技術工人。

從卡洛爾被撤職事情中我們可以看出，即使所在的公司在考勤方面對遲到行為沒有做什麼特別的強調，也絕不意味著可以隨便放鬆自己，更不能以此為藉口，每天不是遲到就是早退。別忘了，你身邊還有許多同事在時時刻刻瞪大眼睛盯著呢！即使上司對你的遲到行為嘴上不說什麼，那也絕不表示他對此毫不在乎。有可能在暗中，他早已將你劃歸到缺乏敬業精神的那一族，這樣，你不但將失去各種機會，還可能在最短的時間內品嘗到它帶來的惡果。

作為一個聰明而盡職的下屬，你至少應該比你的上司提前十五分鐘到達辦公室，做好上班前的準備工作。因為，沒有一個上司喜歡下屬整日匆匆忙忙迎著鈴聲進入辦公室，更沒有一個上司喜歡經常遲到的員工。

也許有些人會認為上班遲到也只是件微不足道的小事，其實並不然，它不僅僅是遲到幾分鐘這樣的一件小事，而是反映一個人是否遵守紀律，是否有集體觀念。通常，每個公司都有自己規定的上下班時間，它是用於約束全體員工的制度，誰破壞它，就等於是在向集體和公司制度挑戰。因此千萬別認為稍稍遲到幾分鐘沒什麼好大驚小怪的，如果經常遲到，不僅上司、同事會對你白眼相看，而且還會給人留下自由散漫、工作沒有責任心、不喜歡融入集體的壞印象，從而使你的形象大打折扣，說不定還會為此丟掉自己的飯碗。

嚴格要求自己，有時間觀念

一個人的時間觀念很重要，因為它代表著一份責任心。尤其在老闆眼裡，如果手下哪位員工經常遲到，他就會認為這個人對工作漫不經心，缺乏責任感。所以說，不管公司有無相關的懲罰措施，任何時候都不應該遲到。如果上班一再遲到，被罰扣薪資還是小事，長期給人留下不守時的印象可就危險了。也許公司一有裁員計畫，名單中的第一個可能就是你。

無論什麼原因，遲到或讓別人等待都是不良的表現，你會因此被認為是不講原則，不守時的人。

崔顥勻是一個工作很出色的人，但他有一個毛病，經常早上遲到，下班的時候比誰都走得早。老闆看在他工作出色的份上，沒有說他什麼。有一次，老闆與他約好時間到一個客戶那裡簽合約，頭一天，老闆叮囑崔顥勻早一點來，不要遲到。可到了第二天早上，在老闆手機的一再催促下，崔顥勻還是遲到了二十分鐘。等到崔顥勻和他的老闆一起開車到達客戶那裡的時候，比約定的時間遲到了十分鐘，客戶已經離開了辦公室，去出席一個會議了。

崔顥勻和老闆趕緊給客戶打電話，客戶對他們說：「你們為什麼遲到，你們連守時都做不到，還會有誠心與我們合作嗎？」

崔顥勻以狡辯的語氣回答說：「呀！我知道的。但是，我們只是遲到了十分鐘，十分鐘你也不能等一等嗎？」

客戶嚴肅地說：「小事見精神，小事見誠意！你要知道，準時赴約是一件極重要的事，你不能以為我的時間不值錢，以為等十分鐘是不要緊的，老實告訴你，在那十分鐘裡，我本來可以預約另外兩件重要的談判項目的！」

崔顥匀連忙改了口氣說：「對不起，那我們再約個時間談談吧！」客戶說：「對不起，你們不守時，我怕你們到時完不成我們託付給你的任務。」

崔顥匀因為遲到，使公司失去了已經落入手中的好機會，給公司造成了不小的損失。老闆一氣之下，把他辭退了。

辦事準時、守時是獲得別人信任的手段，做生意、簽協議最講求時效，所以，你千萬不要覺得上班下班或辦事遲到幾分鐘無所謂。

【智慧語錄】

平時不難發現，在我們的身邊，經常有遲到早退或不能按時完成工作的人，他們經常受到上司的斥責甚至辭退。在那些人中，不乏才華橫溢、能力突出者，可終究因為時間觀念的問題而屢屢受挫，頗不得志。因此，我們要知道隨隨便便的請假、上下班的遲到早退都不是小事。事實上，許多的老闆眼睛所盯著的也正是這些小事。

「我不是故意的」並無法為自己開脫

「失敗的人找藉口，成功的人找方法。」

——前英國首相，邱吉爾

自我檢視，別找藉口

在職場上工作，有人經常為自己的失敗找藉口。他不會承認自己的能力有問題，在他們看來，很多失敗是由客觀因素造成的，僅憑個人能力是無法避免的。對於這樣的人來說，要想在職場中混出一片天地是很難的。

當你在工作中面對失敗之時，不要急於為失敗尋找藉口，而是應該盡可能地找出失敗的原因。一個人做事不可能一輩子一帆風順，就算沒有大失敗，也會有小失敗。而每個人面對失敗的態度也都不一樣，有些人不把失敗當一回事，他們認為「勝敗乃兵家之常事」；也有人拚命為自己的失敗找藉口，告訴自己，也告訴別人：他的失敗是因為別人扯了後腿、同事不幫忙，或是身體不好、運氣不佳等。總之，他們可以找出一大堆理由，但就是不從自己身上找理由。

在現實的工作中，不把失敗當一回事的人實在不少，而這種人就不一定會成功，因為如果他不能從失敗中吸取教訓，儘管有過人的意志也沒用。不敢面對失敗，老是為失敗尋找藉口，不能使自己獲得成功。

也許你認為失敗是因為部屬侵佔公款，但那也是因為你用人不當，管理不善；也許你認為失敗是因為全球性的經濟不景氣，但那也是因為你對全球經濟走向疏於瞭解、研究、判斷，無法預測；也許你認為失敗是因為投資過大，但那也是因為你的判斷有問題。總而言之，很多失敗往往都是因個人的自身原因引起的。因此，要想從失敗當中吸取教訓，就應從自身的角度去研究失敗，如自己的判斷能力、執行能力、管理能力等。所以，每當遇到失敗時，找再多的藉口都是徒勞的。

不要養成找藉口的習慣

有些人幾乎成了製造藉口的專家，只要能找藉口，就毫不猶豫地去找。這種藉口帶來的唯一「好處」，就是讓你不斷地為自己去尋找藉口，長此以往，你可能就會形成一種尋找藉口的習慣，任由藉口牽著你的鼻子走。這種習慣具有很大的破壞性，它使人喪失上進心，讓自己鬆懈、退縮甚至放棄。在這種習慣的作用下，即使是做出了不好的事，你也會認為是理所當然的。

約翰是一家公司的一位老員工，以前專門負責跑業務，深得上司的器重。只是有一次，在他手裡公司的一筆業務讓別人捷足先登搶走了，造成了一定的損失。事後，他很合情合理地解釋了失去這筆業務的原因。那是因為他的腿傷發作，比競爭對手遲到半個鐘頭。以後，每當公司要他出去聯繫有點棘手的業務時，他總是以他的腳不行，不能勝任這項工作為藉口而推諉。

約翰的一隻腳有點輕微的跛，那是一次出差途中出了車禍引起的，留下了一點後遺症，根本不影響他的形象，也不影響他的工作，如果不仔細看，是看不出來的。第一次，上司比較諒解他，原諒了他。約翰好不得意，他知道這是一宗費力不討好而且比較難辦的業務，他慶倖自己的明智，如果沒辦好，那多丟面子啊。但如果有比較好做的業務時，他就會跑到上司面前，仍以腳疾理由，要求在業務方面有所照顧，比如就易避難、趨近避遠，如此種種，他大部分的時間和精力都花在如何尋找更合理的藉口上。碰到難辦的業務能推就推，好辦的差事能爭就爭。時間一長，他的業務成績直線下滑，沒有完成任務他就怪他的腳不爭氣。總之，他現在已習慣因腳疾的問題在公司裡遲到早退，甚至工作時，他還可以喝酒，因為他說喝點酒可以讓他的腳舒服些。老闆的忍耐是有限度的，有誰願意要這樣一個時時刻刻找藉口的員工呢？最終，約翰被老闆炒了魷魚。

一旦養成找藉口的習慣，你的工作就會拖拖拉拉，沒有效率，做起事來就往往不誠實，這樣的人不可能是好員工，他們也不可能有完美的成功人生，在公司裡這樣的人遲早會被炒魷魚。許多找藉口的人，在享受了藉口帶來的短暫快樂後，起初有點自責，因為多多少少有點騙人的味道。可是，重複的次數一多，也就變得無所謂了，原本有點良知的心變得越來越麻木不仁。也許，藉口所說的原因，正是自己不能成功的真正原因吧。拋棄找藉口的習慣，你就會在工作中學會大量的解決問題的技巧，這樣藉口就會離你越來越遠，而成功就會離你越來越近。

在日本的零售業巨頭大榮公司曾流傳著這樣的故事：

兩個年輕人剛進入公司不久，被同時派遣到一家大型連鎖店做一線銷售員。有一天，這家店在清查帳目的時候發現所繳納的營業稅比以前出奇地多了好多，仔細檢查後發現，原來是兩個年輕人負責的店面將營業額多打了一個零。面對這樣的事情，兩人來到經理辦公室，當經理問他們時，兩人開始都對此面面相覷，但帳單就在面前，一切都是確鑿的，在一陣沉默之後，兩個年輕人分別開口了，其中一個解釋說自己剛開始工作，所以有些緊張，再加上對公司的財務方案還不是很熟，扯了一堆理由。而在這時，另一個年輕人卻沒有多說什麼，他只是對經理說，這的確是他們的過失，他願意用兩個月的獎金來補償，同時他保證以後再也不會犯同樣的錯誤。走出經理辦公室，第一個說話的那個員工對後者說：「你也太傻了吧，兩個月的獎金，那豈不是白做了？這種事情我們用新手藉口推託一下就行了。」後者卻僅僅是笑了笑，沒有說什麼。在這以後，公司裡出現了好幾次培訓的機會，然而每次都是勇於承擔的年輕人能夠獲得這樣的機會。

另一個年輕人坐不住了，他質問經理為什麼這麼不公平。經理沒有說什麼更多的話，只是對他說：「一個事後不願承擔責任的人，不值得團隊的信任與培養。」

不要把失敗的原因當成藉口

在工作中，每個人都不可能將事情做得完美無缺，難免會出現差錯或者是紕漏而導致失敗。但是在面失敗的時候，很多人不是去尋找造成失敗的原因，而是給自己找出各種各樣的藉口，他們認為，承擔失敗的責任是一件不光彩的事情。

仔細觀察那些在事業上獲得了成功的人，我們不難發現，在他們的身上都存在有一個共同的特點，那就是他們面對自己所做的事情的結果，他們都願意承擔自己的責任，哪怕是極小的責任。因為他們都知道找藉口只會於事無補，不如承擔責任找原因，這樣就可以避免再犯同樣的錯誤。

要想讓自己獲得成功，就要學會給「原因」和「藉口」分分家，因為即使為自己找到了一個完美的藉口讓自己逃脫了責任，可是藉口再完美也不能使結果發生改變，而且久而久之，一旦自己養成了遇事就找藉口，而不是分析造成失敗或者是錯誤原因的習慣，就會讓自己離成功越來越遠。

曾在一九九五年獲得ＮＢＡ最佳新秀獎的傑森・基德（Jason Kidd）就曾經歷了這樣

的一個過程。

小時候，父親常常帶他去打保齡球。他打得不好，為此，他總是找各種理由。有一天，當他再一次為自己打得不好找藉口的時候，父親毫不客氣地打斷了他：「別再找藉口了。你打得不好，是因為你不練習，又不願意總結方法。假如你好好做，你就不會這樣講了。」

這句話給了他極大的震撼，此後，一發現自己的缺點，他便想盡辦法糾正。不管是打保齡球還是後來打籃球，他都要求自己做到兩點：第一，比別人投入更多的時間和精力去練習；第二，時刻總結經驗教訓，找出最好的方法提升自己。也正因為這兩點，他成了全美最優秀的球員之一。

失敗後找原因，不是找解釋

不少人認為，承擔失敗的責任是一件很丟臉的事情。因此，遇到了不利或者遭受到失敗時，他們往往不從自身尋找失敗原因，而是儘量為自己的失敗尋找藉口。他們養成了這種習慣後，不知不覺離成功越來越遠。

郭人強在一家公司做了兩年業務員，業務水準一直處在中下游。而與他一起進公司的其他幾個員工，有的晉職，有的成為「業務明星」，都遙遙領先於他。為什麼郭人強這兩年沒有一點長進呢？原來他有一個尋找藉口的習慣。

上週二時，經理派郭人強去合作方催款。這已經是他第三次向合作方催款了，但他還是沒有把款項催回來。經理對此非常不滿，問他為什麼還沒有把款項催回來。郭人強說：「現在的賬不好要，而且某某公司愛拖賬，這些是你知道的。我已經努力了，但還是沒有解決辦法……」

經理說：「這些是事實。但是你都催款三次了，總該有一點效果，能為公司回收一點款吧？」

「我說，王經理，你可要將心比心啊，這社會賬難要，是誰都知道的事情。我們公司不是還有其他人去催過款嗎？公司以前不也沒收回錢嗎？又不是我一個人沒有催回款。再說，那公司確實暫時沒錢……當初就不該做他們那筆業務的……」

「好了。理由都跑到你那裡去了！每次你總有那麼多理由，有那麼多藉口。你還是想想自己辦的事情吧！你看小劉，才剛來公司兩個月，只出差兩次就收回了五萬……」

「那是他催款的那家公司爽快，本來就有錢……」

「不要再找藉口了，還是多找一些自身原因吧！你先回到你辦公桌前好好總結一下以前的工作，尋找一下催不回款項的真正原因。下次不要再出現類似的事情！」

承擔失敗的責任當然比不上分享成功的果實讓人開心，但如果對本該由自己承擔的責任一味地逃避，唯恐躲避失敗的責任而不及，久而久之，就容易養成尋找藉口的習慣。

人一生不可能總是一帆風順，在人生道路上，我們都免不了遇到失敗，失敗並不可怕，只要勇於去承認，並從中尋找成功的因素，然後繼續努力，就有可能爭取到真正的成功。

智者面對失敗，往往都會選擇從失敗中吸取教訓，善待教訓。社會發展和科學技術的進步，無不是人們在經歷過一次次失敗與挫折之後吸取教訓的結果。對一個能夠正確面對成敗的人來說，教訓一樣可以催人奮進，激勵自己去不斷拚搏進取，使事業愈發有成。相反，不能從失敗中吸取教訓的人，迎接他的將是再一次的失敗。

【智慧語錄】

在工作中，失敗並不可怕，可怕的是諱疾忌醫，是你縱容失敗，為失敗找藉口，甚至自以為是，這才是最可怕的！

第五章

及時補位，善於跑位

做為一個有長遠打算的員工，應該懂得為自己的將來做準備，在努力做好本職工作的同事，更應該積極地去鍛煉自己，去多方面的學習。要樹立起補位意識，盡力做一些分外的工作，吸取各方面的經驗，同時做好自己的人脈關係，因為這些都是你日後發展的儲備資源。

應「補位」而不是「越位」

多做多得，少做多失。

補位是必須的

查理亞賓是美國第一流的男低音歌唱家，有一次，電視臺邀請他參加一個演出，查理亞賓愉快地答應了，可是就在將要上臺演唱的時候，查理亞賓突然對這次節目的策劃者說有重要的事情，要馬上離開，不能進行演出了。

查理亞賓的這一舉動讓舉辦方大為著急，因為演出的節目單已經廣而告之了，有很大一部分觀眾就是衝著查理亞賓的名氣才來觀看這次演出的，如果他們沒有見到查理亞賓的演唱，肯定會有不滿的情緒，甚至會在演出現場發洩不滿，引發混亂，也許還會出現其他意外情況，但查理亞賓堅持要馬上離開。

事情結果果然如舉辦方所預料的那樣，那些追星族沒有見到他們心目中的偶像而在現場大吵大鬧，整個晚會在一片叫罵聲中落幕。應該說，查理亞賓的行為已經嚴重地違背了一個歌唱家應該遵循的職業準則，是一種嚴重的缺位現象。

現實中，這種缺位現像是隨處可見的。如果在足球場上，後衛老打前鋒的位置，前鋒老打後衛的位置。這支球隊一定會輸。市場操作也是同樣的道理。經理沒有層級管理的制度，沒有為每位員工在市場操作中給予一個準確的定位。交叉、多頭、重複的管理，責任不明確、分工不清晰、角色錯位、角色缺位，都是導致失敗的重要原因。

在企業中，職能的閒置或重疊，分工沒有落實好，都是導致缺位、錯位的主要因素。有時做一件事需要得到他人的配合，如果分工不好，別人可配合可不配合，那麼具體做事的人就很難做了，特別是當一項工作沒有具體的負責人時，那到底誰來管呢，沒有人管，又何談執行？或者兩個部門承擔了類似的工作，有部分職責交叉重疊，好像誰都可以負責，又好像誰都不負責。錯時互相推諉，取得了成績又相互爭功，工作中互相牽制，這些都會影響到組織的效率。

對於管理者來說，一些不重要的任務，其實只承擔簽字的職能，但如果沒有對工作簽字或認可，業務就就無法進行，如此一來就會出現等待、停滯的現象。很多組織做事效率不高，很大程度上是因為個別關鍵人物的缺位，一旦這個環節出現脫節，那麼企業的效率自然上不去。

樹立補位意識

在一次專案完工的剪綵儀式，有一家房地產公司邀請了總公司五位主管前來剪綵，當五位主管被請上臺後，專案經理發現台下還有一位相當資深的老主管也來了，於是硬把這位主管拉上臺，讓他也一道剪綵。下面的員工看在眼裡，急在心裡，眼看就要出洋相了。

說時遲，那時快，公司辦公室主任迅速地從大衣口袋裡拿出一把剪刀遞了上去，一字排開，六位主管喜氣洋洋地剪完了彩。所有的人皆大歡喜。一位老員工在小小驚嚇之後，頓生敬佩之情，隨即問辦公室主任：「你怎麼知道還會叫一個人上去？」

「如果經理再叫一個，我這邊口袋還裝著另一把呢。」

「你還真行。」

人在職場，我們不但要把自己的工做到位，而且還要善於補位，想他人所未想，你才能隨時應對可能發生的各種問題，你才能把「泥飯碗」變為「金飯碗」，這樣的人一般是不會吃虧的，因為別人的需要就是自己生存的最好條件。

每個公司都會出現一些無人負責的事情，這時就需要員工有一種補位意識，多做一些事情，做的事情越多，你的地位越重要，掌握的個人資源和工作資源也就越多，情形就對自己就越有利。

其實無論我們做什麼，都是在為將來做準備，如果我們樹立起補位意識，用鍛煉自己成長的積極心態來對待自己正在做的事情，就能把工作當成機會，把指派當成鍛煉。

任何時候，我們都需要捫心自問：你是否有補位意識？是否善於補位呢？如果你的回答不是特別肯定的話？那麼，你就必須改變自己的工作態度，讓自己成為一個任何時候別人都離不開你的人。

補位但不能越位

在一家兒童醫院裡，馬羅爾醫生手下有兩個實習醫生，一男一女。他們的工作態度有如天壤之別。男實習生納特總是神采奕奕，醫師袍一塵不染。女實習生艾咪則總是馬不停蹄地從一個病房趕到另一個病房，醫師袍上時常沾著藥水、果汁和菜湯。

納特嚴格遵守印第安那州的醫生法定工作時間。一分鐘也不肯超時。除了夜班，他不會在上午八點前出現，下午五點之後便蹤影全無。艾咪每天清晨就踏進病房，有時按時回家，有時卻一直待到深夜。

雖然見面時，納特總是神閒氣定，平易近人，但他對醫生的責任劃分過於涇渭分明了。他不只一次對病人說：「請你去找護士，這不是醫生的職責。」艾咪正好相反，她身兼數職：為小病人量體重，這當然是護士的工作；給小病人餵飯，這是護士助理的工作；幫家長制定食譜，營養師的工作；推病人去拍X光片，輸送助理的工作。

醫學院每年期末都要評選五名最佳實習醫生，大家都心想艾咪一定會入選，醫生如果都像她那樣無私奉獻就好了！但評選結果卻令眾人大吃一驚，艾咪落選了，納特卻出現在光榮榜上。這怎麼可能呢？有其他醫師找到馬羅爾醫生，問他是否知道最佳實習醫生評選的事，「當然知道，我是評委之一。」馬羅爾醫生說。

「為什麼艾咪沒當選？她是所有實習醫生中最負責的人。」其他醫師憤憤不平地問。馬羅爾醫生的回答令他們終身難忘，也徹底改變了他們對「職責」一詞的理解。

艾咪落選的原因是她「負責過頭了」。她把為病人治病當成了自己一個人的職責，事無巨細統統包攬。但世界上沒有超人，缺乏休息使她疲憊不堪，情緒容易波動，工作容易出錯。納特則看到了職責的界限。他知道醫生只是治療的一個環節，是救死扶傷團隊中的一員，病人只有在醫生、護士、營養師、藥劑師等眾多醫務工作者的共同努力下，才能更快康復。他嚴格遵守遊戲規則，不跨越雷池半步，把時間花在職責界限內。因此，納特精力充沛，注意力高度集中，很少出錯。

馬羅爾醫生最後說：「艾咪精神可嘉，但她的做法在實踐上行不通。醫學院教了她四年兒科知識，並不是讓她來當護士或者營養師的。我們希望她能學會只負責分內的工作。」那些質問馬羅爾醫生的其他醫生們恍然大悟，現代社會的職責都是有界限的，每個人都必須學會分工協作，「負責過頭」未必是好事。

在日常工作和生活中，我們常常看到這種現象：下屬由於沒有擺正自己的位置，弄得頂頭上司尤其是那些心胸狹窄的上司很不高興，對此耿耿於懷。於是。上司處處給你找麻煩，或不動聲色的給你「挖坑跳」。恐怕許多人都有過這種經歷。

既然你的角色是人家的職員，那麼就放聰明些，學會擺正自己的角色位置，在自己的職位角度上去有節制的出力和做人，切忌輕易「越位」。在工作中，「越位」對上下級關係有很大影響。下屬的熱情過高，表現過於積極。會導致上司偏離「主位」，大權旁落，無法實施領導的職責。因此，尤其有些上司更會把這視為對自己權力的侵犯。

如果你是下屬，又時不時犯這樣的毛病，上司就會視你為「危險角色」，對你保持一定的警戒，甚至設法來「制裁」你。這時，即使你有意配合他的領導，或許也已經為時已晚，上司說不定已不願與你配合了。

當一個人過於分散精力時，便很難做好自己本該做好的工作，所以，讓每一個人都擔負起自己的職責，完成自己的分工，這樣才是最有效率的工作方法。

【智慧語錄】

其實我們無論做什麼，都是在為將來做準備，用鍛煉自己成長的積極心態，對待自己正在做的事情。樹立起補位意識，每做一件事，就多一點個人資源，而這些資源就是你的個人財富，是你安身立命的資本。

頂頭上司可能不如你

不患人之不己知，患不知人也。

——中國春秋時代教育家，孔子

上司不如你，你也不能表現負面情緒

在與上司交往的過程中，你一定要小心謹慎，即使你的上司能力、經驗等方面都不如你，也不要當面指責，更不要辱罵他。大學剛畢業的陳敬剛在一家報社工作。不久前升為主任，由於他資歷比其他同仁淺，能力看起來也不是很突出，因此他的上任讓一些老前輩們頗為吃驚。有一次他召開會議，一位同事按捺不住，當眾批評陳敬剛「能力不足」、「領導無方」、「沒資格當主任」。陳敬剛也不是省油的燈，不動聲色地聽完這位同事的批評，臉不紅、氣不喘地站起來說：「我能力是不怎麼強，既然你比我行，那這個位置讓你來坐好了。」

那位同事啞口無言，匆忙離開會場。結果那天深夜，那位同事打電話向陳敬剛道歉，陳敬剛也寬宏大量，沒有計較。也許你看到這裡會替那位罵人的同事「鬆了一口氣」。可是，真的能「鬆一口氣」嗎？如果是那種不記前仇的君子，還好一些，只要當面道過歉，他原諒了你，你不會有什麼，但忘不掉當眾被辱罵的難堪的人也不少，所以這件事有幾個可能的後續發展結果：

1.遇上真君子雙方雨過天晴，不打不相識，反而成為好朋友。

2.既使你當面道過歉，他也當面說原諒了你，但以後雙方心裡都有疙瘩，罵人的因為低了頭，自尊心受損，終究不能釋懷；被罵的人耿耿於懷，雖然對方已經道歉，但終究無法讓心裡舒坦，於是二人貌合神離。

3.還有就是為未來更長久、劇烈的鬥爭拉開序幕。表面看起來風平浪靜，但暗裡卻是波濤洶湧。罵人的積極為下次攻擊鋪路，反正已開了戰，非見輸贏不可；被罵的心有不甘，也處處積極佈防，或是主動找機會修理對方。

因此，在職場上，作為員工一定要處理好與上司之間的關係，尤其是在工作問題上，遇到能力不如自己的上司，而自己又是一個爭強好勝的人時，更是要克制自己，合理地處理好事情。

不要讓上司沒面子

「金無足赤，人無完人」，老闆也有錯了的時候。這時候，你要裝作不知道，事後盡力去彌補就是了。華人酷愛面子，視尊嚴為珍寶。有「人活一張臉，樹活一張皮」的說法，尤其做老闆的更愛面子。作為老闆，他要樹立起權威，若不慎做了錯誤的決定或說錯了什麼話，如果下屬直接指出或揭露上司的錯誤，無疑是向他的權威挑戰，會讓他很沒有面子，會損害他的尊嚴，刺傷他的自尊心，相信一個最寬宏大量的老闆也無法忍受。老闆錯了的時候，也要維護他的尊嚴。要選擇合適的時候或場合，採取合適的方式，以免傷害老闆，自討沒趣。老闆出現失誤或疏漏時，害怕馬上被下屬批評糾正。有些人直言快語，肚裡藏不住幾句話，發現老闆的疏漏就沉不住氣。

有一家公司召開年終總結大會，老闆講話時出了個差錯，將一個數字說錯了。一個下屬站起來，衝著臺上正講得眉飛色舞的老闆高聲糾正道：「講錯了！講錯了！那是年初的數字，現在應該是……」

結果全場譁然，把老闆羞得面紅耳赤，情緒頓時低落下來，他的面子頓時被一句突如其來的話丟得一掃而光。事後這名員工，因為一點小錯誤被解雇了。當然，也有人做得很好。有一家公司新招了一批員工，在老闆與大家的見面會上，老闆逐一點名。「黃群ㄏㄨㄚˊ」。全場一片寂靜，沒有人應答。一個員工站起來，怯生生地說：「老闆，我叫黃群燁（ㄧㄝˋ），不叫黃群燁（ㄏㄨㄚˊ）。」人群中發出一陣低低的笑聲。老闆的臉色有些不自然。「報告經理，是我把字打錯了。」一個精幹的年輕人站起來說道。「太馬虎了，下次注意。」老闆揮揮手，接著念下去。沒多久，年輕人被提升為公關部經理，叫黃群燁的那個員工則被解雇了。表面看來，這個老闆沒有什麼水準，實則每個人都有自己的知識欠缺，犯錯誤出洋相難以避免。作為下屬，有什麼必要當眾糾正呢？如果這個叫黃群燁的員工當時應答，事後再巧妙地糾正就不會傷害老闆的面子。好在那個年輕人跳出來替老闆解圍，才巧妙地讓老闆從尷尬中走出來。

老闆有錯時，不要當眾糾正。如果錯誤不明顯不關大局，其他人也沒發覺，不妨「裝聾作啞」，等事後再予以彌補。有一個老闆在會上將一組財務資料講錯了，一個做財務工作的下屬沒有馬上糾正，他在做財務報表時，將老闆說錯的資料糾正了過來，老闆看到財務報表時，才知道自己在會上說錯了。因此，對這個員工的好感大增。

有時，老闆的錯誤明顯，確有糾正的必要，最好尋找一種能使老闆意識到而不讓其他人覺察的方式糾正，讓人感覺到老闆自己發現了錯誤，而不是下屬指出的，一個眼神，一個手勢，甚至一聲咳嗽都可能解決問題。無論什麼事情，碰巧是老闆的錯誤，作為下屬都應該給老闆留情面，然後想辦法彌補損失。這樣做既顯得你通達人情，又能讓老闆看到你的工作能力，實是一舉兩得。

善於發現上司的優點

人不可能十全十美，上司有優點也有缺點，但他至少在某個對組織非常重要的方面勝過你，不然他就不會是你的上司。你要看到的是上司的優點，這既會幫助你以正確的心態投入到工作中，也不會使你犯錯誤。擁有一雙發現別人優點的眼睛，你會工作得更加快樂，與上司的關係更加和諧，也更容易進步。

大衛是一家公司的業務精英。這是一家做廣告業務的公司，客觀上，業務確實很不好做。但是大衛的業務水準很高，他每月的業績高出那些普通業務人員幾倍。當然，大衛每月除了基本薪資外，也領到了厚厚的額外獎金。

不過兩年以來，大衛一直都在做業務工作，儘管他的業務做得很好，卻沒有得到提升。而他的上司巴布林是一個剛剛從一所著名的大學畢業的MBA，大衛對他這位上司很有看法，認為這個MBA畢業生對業務一竅不通，是外行管理內行。而同時，大衛認為自己完全可以做好管理工作，換句話說，這個位置應該是大衛的。這種想法讓大衛心裡總是沒滋沒味，總免不了在工作中、在各場合挑出巴布林的毛病來，以顯示自己比巴布林更高一籌。

由於剛剛加入這家公司，巴布林並沒有把大衛的這種做法放在心上。按照巴布林的想法，說自己的壞話無所謂，只要你踏踏實實地把事情做好就行了。所以，他對大衛的言行舉止睜一隻眼閉一隻眼，只是在工作上他還是不斷地強調讓大衛更加努力。由於巴布林是做管理工作的，所以，他經常要出外找專案，每逢有好的專案、好的資訊，他照常交給大衛，讓他去談。

但是大衛對巴布林的這一切好像並沒有看在眼裡，在他看來，他自己也可以找這些專案。所以，他對上司不但沒有好感，反而認為這是上司在拉攏自己，於是心裡飄飄然的，更是肆無忌憚。有一次，大衛拉來一個很重要的專案，這一專案對公司的業務開展至關重要。

但是，巴布林憑藉著個人的關係打算把專案做得更好。大衛知道這一切後，心裡憤憤不平，純粹出於報復的目的，大衛向對方專案負責人說了不少巴布林的壞話，對方於是決定專案延後，這給公司造成了巨大的損失。公司經過調查後，對大衛採取了嚴厲的處分。

每個人都有他的缺點和優點，上司也不例外，你要做的是能夠看得到他的優點，並盡力幫助上司去發揮他的優點。很多人不是善於發現上司的優點，而是不斷地尋找他們的不足，從而製造出不必要的負面情緒，這些人將所有的問題都歸結到上司、同事身上，他們不認為自己有任何問題，這樣的人顯然不具備學習上司的精神，也不具備協作的精神，更不具備高尚的責任心，這種人當然也不會受到組織的重用。

只有當我們把目光對著上司的優點，從而客觀地認識到自己的不足時，我們才能夠有所進步。你應該用積極的眼光去發現上司的長處，因為職場比拚的是綜合素質，不是單一的技能。俗話說，尺有所短，寸有所長。你的上司可能在一些方面不如你，但畢竟也只是在「一些」方面而已，從綜合素質來看，他還是比你強。所以，只要你留心上司的優點，經常將他的工作方式和思路與自己的比較，找到自己的差距，你才能進步得更快。

不要強壓上司的風頭

有一個退伍軍人曾說過：「在我服役受訓的時候，打掃營區是每天例行的工作，可奇怪的是，無論我們再怎麼努力打掃，幾乎連螞蟻屎都掃掉了，等到連長來巡視時總還要說這裡不夠乾淨，那裡還需要加強，讓我納悶不已。打掃營區如此，保養武器也是如此，連長總是能抓到我們的『毛病』。在我當排長前，連長為我們揭曉了謎底，他說，如果連長每次都滿意，士兵就會自然而然地產生懶惰的情緒；其次，沒毛病也要找出毛病，是為了凸顯連長的權威，以方便領導統御，不要讓士兵覺得你好說話而敷衍你。下部隊當排長時，我充分活用連長的領導哲學，發現效果還真的不錯。」

可是，社會上做事與部隊中有極大的差別，軍人的天職是服從，社會不一樣，在這裡優勝劣汰，弱肉強食。做主管的若沒毛病還要找毛病，那麼他自己難混，屬下也會很難混，弄不好會兩敗俱傷。一踏進社會就當主管的人並不多，若有此機會也只是個小主管，在這個小主管上面還有各種各樣的主管。和主管相處是一門學問，如果運用得好，可以少受很多氣，少走許多彎路，也有助於事業的開展。

和主管相處，各人有各人的門道，各人有各人的方式、方法，但無論送禮也好，拍馬屁也好，都不如在工作上留一點空間給他好。每個人工作的目的不外乎生活的需求或體現自我價值，當主管的也不例外，你怕被「冷凍」，怕丟工作，怕被「刮鬍子」，怕不受信任，主管的心情其實和你完全相同，只不過他怕的和你怕的有一些不大相同，因為他還要帶領屬下，而屬下就是他怕的原因之一：你能力不好，他怕事情做不好他要承擔後果；你能力太強，做起事來完美無瑕，他又怕管不住你，動搖了他的領導地位，更怕你搶了他的「差事」。當你的能力太強時，當主管的為了「安全」，也為了他的江山，他會不斷地打擊你，挑你的毛病，擱置你的計畫，阻斷你向上溝通的管道，甚至惡意地挑撥你和其他同事的關係，最惡劣的還有栽贓、奪權等手法。

總而言之，如果他受到他的主管的支持，那麼他要找你的毛病總是有辦法的。如果你根本沒有取他而代之的野心，被這樣對待不是很冤枉、很不值得嗎？

讓我們來思考那位連長的話，他沒有毛病也找毛病是為了領導統御的需要，那麼如果我們能讓主管在他的職位上有安全感，不就天下太平了嗎？

所以要記住，留一點空間給你的主管。具體做起來就是：

1.時時向主管「請教」

明明你懂得比他還多，你還是要尊重他的職位，和他討論某項計畫，請他給你一些「指點」。主管看了你的這種行為，當然就放心了。不過，如果「請教」了之後，你一個「指教」都沒有採納，那麼會得到反效果。因此，你的計畫多多少少都要有主管的一些意見——他會很在乎的。

2.事情不要做得十全十美

別以為十全十美會得到主管的讚美，有的時候那是「禍水」。但也不能做得亂七八糟，因為這樣你就要捲舖蓋走路了。最好在不很重要的地方犯個小錯，或留下一點缺憾，好讓你的主管來「指點」一番，能找出毛病來「指點」，表示主管的能力還是高過你，那麼他就放心了。

3.不要忘記稱讚你的主管

這和拍馬屁不同。員工需要主管稱讚，主管其實也需要屬下稱讚，尤其是在主管的上司也在的場合。你的稱讚一是表現了你的服從，再者就是間接替你的主管做了公關，他不高興才怪呢。不管怎麼做，切忌目中無人，尤其當你能力很強的時候，留下一點空間讓你的主管立足，給他一些「幫助」、「指點」你的機會，這是相處的藝術，也是求生存的方法。

【智慧語錄】

總之，做事或經營企業，無論從老二、老三或老五做起都沒關係，就是先不要當「老大」。有一段童謠是這樣說的：「老大屁股大，褲子穿不下。」所以說當「老大」麻煩真的很多。如能好好地當「老二」，當主客觀條件具備，自然就會變成「老大」，這個時候的老大才是真正的老大。

力爭做出超出上司想像的成績

好事總是多磨，不付出大量的心血和勞動，是做不成大事的。想吃核桃，得先咬開堅硬的果殼。

努力超越眾人的期望

如果你想得到老闆的賞識和重用，那就是最好能在工作當中做出好的成績來，尤其是能夠做出出乎上司想像的成績。作為一名優秀的員工需要有積極進取的精神，只有積極進取，不安於現狀，比其他的員工都多做一點點，才能取得更大的成就。

一名傑出的員工應該與經理一樣，不但要求自己滿意、別人滿意，而且要超過別人對自己的期望，並隨著企業和自身的發展把內心的標準提的越來越高，不斷求取新知識，不斷成長，不斷改進。因為一個總能在「昨天」完成工作的員工，一個總能把工作做得比老闆預想的更好的員工，將會征服任何一個時代的所有老闆。

比上司多做一點點

與此恰恰相反，很多人認為，公司是老闆的，我只是替別人工作。工作再多，再出色，得好處的還是老闆，與我何干。存有這種想法的人天天按部就班地工作，缺乏活力，有的甚至趁老闆不在，沒完沒了地打私人電話或無所事事地神遊四海。這種做法無異於在浪費自己的生命和自毀前程。

英特爾總裁安迪・葛洛夫應邀對加州大學伯克利分校畢業生發表演講的時候，提出以下的建議：「不管你在哪裡工作，都別把自己當成員工——應該把公司看作自己開的一樣。」事業生涯除了自己之外，全天下沒有人可以掌控，這是你自己的事業。你每天都必須和好幾百萬人競爭、不斷提升自己的價值；並且從轉換中以及產業當中學得新的事物——虛心求教，這樣你才不會成為某一次失業統計資料裡頭的一分子。而且千萬要記住：從星期一開始就要啟動這樣的程式。

怎樣才能夠把自己當作公司老闆的想法表現於行動呢？那就是要比老闆更積極主動地工作，對自己所作所為的結果負起責任，並且持續不斷地尋找解決問題的辦法。照這樣堅持下去，你的表現便能達到嶄新的境界，為此你必須全力以赴。一天十幾個小時的工作時間並不少見，所以不要吝惜自己的私人時間，一到下班時間就率先衝出去的員工不會得到老闆喜歡的，即使你的付出得不到什麼回報，也不要斤斤計較。除了自己分內的工作之外，儘量找機會為公司做出更大的貢獻。

任何工作都存在改進的可能，搶先在老闆提出問題之前，已經把答案奉上的細節是最深得老闆之心的，因為只有這樣的職員才真正能減輕老闆的精神負擔。工作交到老闆手上後，他就不用再為此佔用大腦空間，可以騰出來思考別的事情了。

事實上，能夠注意到這一細節的人並不多。也許可以說，能長期有本事跟老闆在工作上競賽，而且有本事把對方擊敗的，也差不多可以夠格可以當老闆了。為此，要成為老闆的心腹，即使不能每一次都比老闆反應得快，但最低限度要有一半以上的次數不要讓他比下去。老闆在知道你不是他的對手時，就很自然地會對你信任起來，此所謂「識英雄者重英雄」，再棒的老闆都需要有人才在身邊的。

老闆成功的原因就是一步步積累，從不滿足。如果你想比他更出色，就應該時刻警告自己不要躺在安逸的床上睡懶覺，讓自己每天都站在別人無法企及的位置上，這樣機會很快會垂青於你。

在工作中，老闆就是你最好的老師和競爭對手。要想做得更出色些，就要在小事上超過老闆。能夠這樣做的人並不多，如果你能成為其中一員，當然會有很大收穫。

積極進取，用業績感動老闆

安妮是美國一家大時裝企業的創始人。她二十三歲的時候，從父親那裡借款三萬美元，自己開了一家服裝設計公司。和丈夫分居以後，她將自己的公司發展成一個龐大的時裝企業。現在年銷售額達兩百萬美元。接著，她又開辦一家經營化妝品的公司，還跟其他公司合作用她的名字作商標生產皮鞋、手提包、圍巾和其他產品。她只用了五年時間就完成了這一切。

這樣一位時裝企業的女強人對成功又是怎樣解釋的呢？她說：「如果把生活比做旅程，成功便是在沙漠中來到一片綠洲，你在這裡稍做休息，舉目四望，欣賞一下這裡的風景，呼吸幾口清新的空氣，再睡上一個好覺，然後繼續前進。我認為成功就是生活，就是能夠享受生活的一切——既有歡樂和勝利，也有痛苦和失敗。」

安妮認為，有一種不斷前進的欲望在推動著她。「當我朝著一個目標努力時，這個目標又將我帶到一個新的高度，使我踏上了一條通往開闢新生活的道路。我並不是總知道自己在走向何處。前進中會發生各種事情，會出現不同的情況，甚至遇到災難，但道路也越走越廣。我有一個不變的信念，就是：保持靈活應變的能力，在自己的人生經歷中，不放過任何一個成功的機遇。」

安妮事業上的成功取決於她積極進取的精神。滿足現狀意味著退步。一個人如果從來不為更高的目標做準備的話，那麼他永遠都不會超越自己，永遠只能停留在自己原來的水準上，甚至會倒退。

美國佛蘭克林人壽保險公司前總經理貝克曾經這樣告誡他的員工：「我敦勸你們要

永不滿足。這個不滿足的含義是指上進心的不滿足。這個不滿足在世界的歷史中已經導致了很多真正的進步和改革。我希望你們絕不要滿足。我希望你們永遠迫切地感到不僅需要改進和提高你們自己，而且需要改進和提高你們周圍的世界。」這樣的告誡對於我們每一個職業人士來說，都是必要的。

生活中最悲慘的事情莫過於看到這樣的情形：一些雄心勃勃的年輕人滿懷希望地開始他們的「職業旅程」，卻在半路上停了下來，滿足於現有的工作狀態，然後漫無目的地遊戲人生。由於缺乏足夠的進取心，他們在責任中沒有付出百分之百的努力，也就很難有任何更好、更具建設性的想法或行動，最終只能做一個拿著中等薪水的普通職員。如果他們的薪水本來就不多，當他們放棄了追求「更好」的願望時，只會做得更差。不安於現狀、追求完美、精益求精的年輕人，才會成為責任中的贏家。

不思進取的員工不但不能夠發展，說不定還會在日益激烈的職位競爭中被淘汰。只有那些能夠不斷學習，適應企業需要的員工才能夠在企業裡長久地生存。和自己較勁的員工，就擁有了前進的動力，憑藉這樣的動力，才能夠不斷提升自己，全力以赴將工作做到最好，也為改變自己的命運提供了更多的機會。

因此，不管你在什麼行業，不管你有什麼樣的能力，也不管你目前的薪水多豐厚、職位多高，仍然應該告訴自己：「要做進取者，我的位置應在更高處。」這裡的「位置」是指對自己的工作表現的評價和定位，不僅限於職位或地位。

不斷創新，為公司增值

現代商場競爭激烈，公司要從眾多對手中勝出，最重要的手段之一就是不斷有新的創意以提高管理效率，降低企業成本，擴大企業聲譽。很多公司中非常經典的創意都是公司內部的員工為企業完成的，當然「投之以桃，報之以李」，他們也因為出色的創意而深受老闆器重，並得到豐厚的回報。

一個好的創意，可以讓一個瀕臨破產的企業起死回生，能讓一個默默無聞的公司名聲大噪，也能讓一個成功的企業擴大戰果，獨霸一方。所以，每個公司的老闆都很重視創意的培養，對那些有創意頭腦的員工就更是青睞有加了。

有位企業家功成名就後，突發奇想：生命的價值和樂趣在於創造，而不在於守成，當初自己白手起家時是何等富有樂趣！那麼，現在自己能不能再創一次業呢？能不能再尋找一次用金錢也買不到的感覺呢？他悄悄地將自己的財產捐獻給了社會，使自己成為一個真正的窮人。

他自己到了一家公司去求職。這家公司的老闆問他以前做過什麼，他說自己做過總經理。這家公司的老闆笑了：可惜我們不需要總經理。而他自己卻一本正經地申明自己是來求職的，做什麼都可以，並不一定要當總經理。

老闆見他求職心切，便問他會不會打掃，他說會。於是老闆安排他當了這家公司的清潔工。

他是一個做什麼都要做得出色的人。每天上班，他都要提前半小時到公司，先是拖地擦桌子，然後再為每一個同事沏上一杯茶，給同事一個親近的感覺。在「清潔」之餘，他還經常為老闆出點子、想辦法，當他發現公司有什麼問題時，就寫下一張小紙條，規規矩矩地壓在老闆的辦公桌上。終於，老闆發現了他的傑出管理才能，開始起用他管理。在管理中，他把自己的經營思想滲透到公司的決策層中，使公司很快得到發展，同時他也得到老闆的重用，坐到了總經理的座椅上。兩年後，他又成為企業界的富豪。

每個人都有創造思考的能力，同時你身邊也有無數值得去發現的好創意。只要多動腦筋，你就可以獲得對公司、事業，乃至於自己的生活有所幫助的創意，而基本上你只要具備觀察力與敏感性就能獲得它。獨特創意的產生並不是非資質好的人或職業專家不可，只要抱以積極的態度，每個人都可以做到。

【智慧語錄】

社會在進步，公司在擴展，個人的職責範圍也會跟著擴大。不要總拿「這不是我分內的工作」為由來推脫責任。每天多做一些，將本職的工作做得更優秀一些，不僅能體現出你的才能，更有可能得到上司的認可和重用。

不要把錯誤當成垃圾

當你把所有錯誤關在門外，真理也就被拒絕了。

——印度詩人、哲學家，泰戈爾

從錯誤中發現新意

世界上沒有十全十美的人，也沒有誰能做十全十美的事，工作的過程中難免會出現一些或大或小的錯誤。有的人能夠靜下心來，認真地從錯誤中吸取經驗教訓，而還有的人，他們對錯誤唯恐避之不及，他們覺得犯錯誤是一件非常丟臉的事情，亦或者害怕必須因此而承擔責任，所以在得知自己犯錯的那一剎那，就恨不得將它如同垃圾一樣，希望丟得越遠越好。

其實，這才是他們所犯下的最大的錯誤，因為錯誤和經驗一樣重要，它讓我們在今後的工作中吸取教訓，避免了再犯類似的錯誤，同樣是說明我們獲得成功的推動力，也應該引起我們的重視。微軟總裁比爾・蓋茲指出：你若一事無成，這不是你父母親的過錯，不要將你應當承擔的責任轉嫁到別人的頭上，而要學會從失敗中吸取教訓。

「人非聖賢，孰能無過。」在生活中，我們是不允許錯誤出現的，在抓住和創造機遇上更是如此，所謂「一著走錯、滿盤皆輸」。有時，一個錯誤可能就導致你這輩子永遠都抬不起頭來。然而，犯錯誤彷彿又是人的一種天性，這個世界上絕對沒有不犯錯誤的人，但人們對待錯誤的態度不一樣，就導致了在抓住和創造機遇結果的不一樣。

對於科學技術的研究，或者是對前所未有的開拓性工作來說，犯這樣或那樣的錯誤是在所難免的，關鍵在於我們怎樣去對待它。犯了錯誤而沮喪、頹廢和垂頭喪氣，都是一種消極的態度，一錯再錯執迷不悟更是害人害己，必須予以拋棄要積極地「將錯就錯」，於細微處發現新奇之處，化被動為主動，變不利因素為有利因素，這才是我們正確的人生觀和價值觀。

電影問世後不久，有一天法國巴黎正放映一部叫《拆牆》的電影短片，片中有一堵危牆被眾人推倒的鏡頭。由於放映員普洛米奧的粗心大意，放映的是還沒有「洗」的片子，即片子放映完後，應把它再倒轉回來。這樣一來在銀幕上出現了情景相反的圖像：一堵被推倒的牆，又從殘牆斷壁的廢墟中慢慢重新豎了起來。

此事立即引起觀眾的哄堂大笑和口哨聲，普洛米奧羞紅著臉馬上關掉放映機……

這一失誤引起了普洛米奧的思考：這種現象能不能成為拍電影的新技術呢？也許它能給人們帶來一種全新的視覺效果呢。

後來，在一部叫《迪安娜在米蘭的沐浴》的電影中，他有意識地運用了這種他發明的倒攝方法，觀眾在螢幕上看到，跳水女郎的一雙腳先從水裡鑽出來，然後整個身子倒轉一百八十度，最後輕飄飄如柳絮般落在高高的跳板上。

這種奇異的倒攝方法，引起全場觀眾的熱烈掌聲，從此，它成了電影拍攝中常用的一種技術。

明白教訓是對挫折與失敗的理性思考。教訓既可以給遭遇挫折的人留下避免再次失敗的路標，同時又可為他人留下前車之鑒。所以吸取教訓，更加理性地分析產生問題的原因，並從中找出帶有普遍性的規律和特點，可以使我們對客觀事物的認識更加準確深刻。

凡是成功者無不是從自己或他人的教訓之中，尋找良方，避免重覆的失誤，從而獲得成功。可見，從失敗中吸取教訓是多麼重要的事。智者面對失敗，往往都會選擇從失敗中吸取教訓，善待教訓。從大的方面來說，社會發展和科學技術的進步，無不是人們在經歷過一次次失敗與挫折之後吸取教訓的結果；從小的方面來說，對一個能夠正確面對成敗的人來說，教訓一樣可以催人奮進，激勵自己去不斷拚搏進取，使事業愈發有成。相反，不能從失敗中吸取教訓的人，迎接他的將是再一次的失敗。

在工作中，我們都免不了因犯錯誤而導致失敗，但失敗了並不可怕，只要我們能勇敢面對失敗，從失敗中吸取經驗教訓，記憶能能夠獲得成功。正如巴爾札克所說一樣：

失敗就像一塊石頭，對於弱者來說，它是一塊絆腳石，使你卻步不前；對於強者來說，卻是墊腳石，使你站得更高。

要知道哪件事錯了，錯在哪裡。

當一個蠢蛋走進辦公室，被上司訓斥五分鐘之後還沒有找到頭緒，一副懵懵懂懂的神情。沒有一個上司見到這樣的神情不火冒三丈的，拍桌子也就難免了。基本上聰明的你應該在他找你之前就知道發生了什麼事，想想怎麼應對。如果你確實不知道自己哪一件事做錯了，可以打斷他的長篇大論，明白地直接問他究竟發生了什麼事。

在他提點之後，立即找來相關的資料，瞭解具體的錯誤在哪裡。如果你看了資料還是不清楚狀況的話，更要讓上司給你講明。常言道：不知者無罪。上司明白你真的是因為經驗不足業務不熟而犯下錯誤，氣就消了大半，訓斥也會變成教導。

工作中要多動腦，常反省

每個人都不是完美的，都會說錯話、做錯事。重要的是，對自己做錯的事，要知道悔悟和反省。不反省不會知道自己的缺點和過失，不悔悟就無從改進。

著名作家李奧．巴斯卡力，寫了大量關於愛與人際關係方面的書籍，影響了很多人的生活。據說，他之所以有這樣卓越的成就，完全得力於小時候父親對他的教育，因為每當吃完晚飯時，他父親就會問他：「李奧，你今天學了些什麼？」這時李奧就會把在學校學到的東西告訴父親。如果實在沒什麼好說的，他就會跑進書房拿出百科全書學一點東西告訴父親後才上床睡覺。天長日久，便形成習慣。而這個習慣也一直在激勵著他不斷地吸取新的知識，產生新的思想。人生好比一卷長長的膠片，每一格膠片紀錄著每天的生活態勢。

所謂反省，就是反過來省察自己，檢討自己的言行，看一看有沒有需要改進的地方。反省是自我認識水準的提高、是進步的動力。反省是對自我的言行進行客觀的評價，認識自我存在的問題，修正偏離的行進航線。為什麼要經常反省？因為人不是完美的，總會有個性上的缺陷、智慧上的不足，而年輕人更是缺乏社會歷練，因而也常常會說錯話、做錯事、得罪人。反省的目的就在於要建立一種監督自我的內在回饋機制。通過這種機制，我們可以及時知曉自己的不足，及時匡正不當的人生態度。良好的反省機制是自我心靈中的一種「自動清潔系統」或自動糾正系統，是砥礪自我人品的最好磨刀石，它能使你的想像力更敏銳，它能使你真正認識自我。

孔子云：「吾日三省吾身。」這是聖賢的修身功夫，凡人不易做得到，但時時提醒自己，檢視一下自己的言行卻不是太難的事，一個人有了不當的意念，或做了見不得人的事，可能瞞過任何人，但絕對騙不了自己。人之所以會做對不起別人的事，不單是外界的誘惑太大，更多的是自己的欲念太強，理智屈就於本能衝動。一個常常做自我反省的人，不僅能增強自己的理智感，而且必定知道什麼是自己該做的，什麼是自己不該做的。

時下，許多行業都很注重反省的習慣，以增強行業的凝聚力和工作效率。西方一家企業在一天工作結束時，抽出下班前的十分鐘，讓員工集合起來一起做一次「晚禱」，由老闆領頭朗誦下面幾句話：我今天八小時的工作，是否有偷懶的行為？我今天的工作是否存在不足？我對今天的工作是否盡了全力？我今天是否說過不當的話？我今天是否做過損害別人的事？這種方式對於個人來說是過於呆板了些，但其精神可資借鑒。

對個人來說，方式可以靈活機動些，只要是反省自己，隨時隨地都可以進行。建立自我反省機制是為了反觀自我的不足，以達到提升自我、健全自我和改善自我的目的。

【智慧語錄】

有些人喜歡強調我是錯了，可是審查我工作的人也都錯了，拉一些相關的人下水，以此減輕自己的罪責。這種做法是不對的，出發點就不對。正確的出發點是，無論別人有沒有錯，事實是我自己錯了，我就要擔負我這份責任。坦誠地承認自己的錯誤，敢於自己承擔，會給上司一個好感。沒有一個上司喜歡下屬們同時站在辦公室裡互相指責撕破臉的。

工作可以失誤但不允許重覆失誤

當你意識到自己錯了，那麼你還是對的；如果你繼續犯錯，那就錯不可恕了。

——中國足球員，崔凱

一次失誤後避免重覆失誤

當你意識到自己錯了，那麼你還是對的；如果你繼續犯錯，那就錯不可恕了。

我們都有這樣的經歷：為了儘快結束工作，我們迅速地把某件事情做完，沒有過多地考慮細節問題，卻不得不從頭再做一遍；為了省事，我們把垃圾隨便扔在地上，清潔人員卻不得不重新撿起來，再扔一次，扔到垃圾桶或畚箕裡。有時候我們浪費了自己的時間，有時候我們浪費的是別人的時間。

張慶斌前天安排生產的時候，只顧交貨卻未對合約裡的特殊技術要求看清楚，並下了錯誤指令，從而造成產品生產錯誤，返工重新生產，影響合約的交付時間。事後上司狠狠批評了張慶斌一頓，並對照公司制度對其進行了考核。為此，張慶斌連續幾天精神萎靡不振，覺得自己這份工作責任重、壓力大，並與上司提出想換個工作。

其實，作為進入公司不到一年的職場新人，你完全有犯錯誤的權力，因為你從事的業務，包括工作流程、工作環境等一切對你來說都是陌生的，因此在工作中出現一些差錯是很正常的，即使是老員工也難免不犯錯誤。

通過這種失誤，你可以從中吸取教訓，將它們轉化為經驗，這種經驗對你來說很有價值。職場新人的失誤對於一個公司來說，可以說是一種投資，因此，當你作為職場新人在工作中第一次出現失誤時，沒有必要老是跟自己過不去，自己打擊自己的自信心。但是，這種失誤不能重覆，因為作為公司，你的重覆失誤相當於重覆投資，重覆投資就是浪費，所以，對於重覆失誤造成的損失，你必須自己買單，自己承擔責任。因此，在工作當中，我們要儘量避免自己的失誤，尤其是重覆性的失誤。

把事情做到位

在很多西方國家購物，不管是購自國內還是購自國外，貨物通常會由郵局、快遞公司等運輸部門負責送到你家裡。但有些國家國情不同，常會有包裹等你親自到郵局或什麼辦公室取回家來。

有家公司訂購的設備每次都停放在海關，公司接到取貨通知後必須儘快將東西取回來，否則一耽誤就會遭到被罰款的命運。這家公司有位經理去領設備，實踐了一趟後才驚歎，這實際上是一項極煩瑣的大工程。

西方人驗貨時，通常的做法是按照收據核查所有的集裝箱是否都到齊了，若箱子數目無誤就萬事大吉。但有些國家的程序細則非同小可，首先是將所有的貨櫃一一打開，並將裡面的設備零件全部搬出來，然後對照著一疊設備名稱明細表逐件核對，不放過每一個細小的零件和備用配件。僅將每一個貨櫃搬出來再裝回去，就可以想像這是多麼龐大的工作量和運動量。

這家公司反反覆覆這麼折騰一百多個貨櫃，整整要忙上一個星期。不但如此，去出差驗收的人員也是一支浩浩蕩蕩的大軍，有各個部門的技術人員、財務人員、總工程師、廠主管及秘書。各方面代表都到場的原因是，待貨物驗收完畢後，設備各個部分的資料及零備件將被拆散分離，分別由不同的部門取走保管。如鑰匙歸保管處，一些隨設備附帶的修理工具歸工具處，說明書歸情報處，如是這般分門別類地分配下去。然而就是這種安排上導致的做事不到位，給自己帶來了大量的重覆性工作。

做事不到位不僅會給自己帶來很大的麻煩，還會給上司帶來工作上的不便，對於上司安排你去做的事，無論巨細，你不去做，你的上司就要去做，你做不到位，他就要退件。從管理角度說，公司花了高價請你的上司，成本在你的十倍以上，從經濟的意義上說，他花一小時能做的事，你花一天的時間做好也值。同樣的道理，一件小事，你花了一個小時做完交給了他，當他發現了不足，再去補充、修訂，花半個小時，如果這樣，還是你費半天時間把事情一次性做好要合算。你把小事做到位了，他的工作效率就提高了。

相對於管理工作的高效率而言，工作的低效率或者無效率造成的隱性浪費是非常大的：原來只要一個人承擔的工作，需要兩個以上的人員來完成；應該按計劃完成的任務反覆拖延；應該正確完成的工作被做錯，這些都會導致退件、重做、糾正等浪費時間和精力的行為，如果是高效率地完成了錯誤的工作，則損失更大。

更可怕的是，這種錯誤在某種程度上是被允許的，會被以各種各樣的原因、理由來掩蓋住，從而反覆發生，造成巨大的浪費。我們允許的是創造性的失誤，而不允許反覆發生低級的錯誤。

及時吸取經驗教訓

一九七一年，湖濱中學程式編制小組得到一項重要業務：為資訊科學公司編一份工資表程式。按蓋茲的說法，該項目非常繁瑣麻煩，必須瞭解州稅法、工資扣除法等。年輕時代的比爾．蓋茲很懂經商之道及商業法律程式，他成了編制小組的中心人物與法律顧問。程式完成後，蓋茨他們並未只要求一次性地支付，而是非常精明地提出以版權協議的規定支付酬金，他們知道版稅金額巨大，並且是長期性的。他們通過抽取版權費，獲得了該公司利潤的百分之十。

有人認為，如果有人想知道為何蓋茲會取得如此輝煌的成就，主要是由於他早期經商所積累起來的經驗。蓋茲的商業概念令人吃驚，僅僅一個中學生就知道按自己的條件與一家公司按版權抽取利潤了。

事實上，最早在軟體業成功的不是別人，而是那位「戲弄天才的天才」的西摩．魯賓斯坦。他決定軟體只能獨立出售，並只對零售商做生意。他委託別人開發軟體，又按每份計酬的辦法推銷。他一開始就知道蓋茲的作業系統做得不錯，但他選中了基爾代爾的CPM作業系統，只以二點五萬美元成交，其中還包括版權！「學問人」基爾代爾卻以為自己做了一筆好買賣！基爾代爾的學生編寫了一套電腦的BASIC語言，魯賓斯坦也把它買了過來，出價更低，並稱BASIC語言可配合CPM使用。而基爾代爾和他的學生一樣，根本沒想到版權或使用權這一回事！這樣魯賓斯坦在與蓋茲的交鋒中略占上風。因為他擁有雖不及蓋茲的MBASIC好、但已完全可用來配合CPM使用的CBASIC，而微軟卻急需買主來獲取收入。在此情形下，魯賓斯坦才從微軟購買軟體，談判始終由魯賓斯坦主導，他把全部手腕施加到年輕的董事長蓋茲身上。

蓋茲過了幾天才開始對魯賓斯坦的意圖有所表示。一個天才戲弄了另一個天才。蓋茲後來回憶說：「我很尊敬西摩．魯賓斯坦，他做到了他所能做到的一切，而我卻任由擺佈。」當然，蓋茲這樣的天才是不會上第二次當的。

聰明人不在於不犯錯誤，而在於不應該連犯兩次一樣的錯誤。商海無情，重要的在於汲取教訓，避免再犯。蓋茲今天的經營技巧和手腕並非天生，也是在摸爬滾打中摸索出來的，這其中當然有魯賓斯坦的功勞。

對於職場新人來說，你不要過於追求完美，工作中出現失誤是難免的事，所以，失誤之後你沒有必要在心裡保留挫折感。只要你能從失敗中吸取教訓，那就是進步。畢竟，挫折只是一時的，進步是永遠的。你不必保留挫折感，並不是說讓你一定要忘記挫折，而是讓你不要白白遭受挫折，你應當積極地把挫折轉化為成功的動力。

作為職場新人，不止在你的工作中，就是在你的人生中，可能也會有很多讓你久久不能忘懷的失敗教訓。當你跌到的時候，你的確會有損失，但只要你能從原地爬起，那就是一種進步，就是一種收穫。

但是，一些職場新人往往缺乏足夠的思想準備，在失敗後不能吸取教訓，只會怨天尤人。他們只在乎自己受挫的感覺，並抓住那份感覺久久不放，甚至要跟那份感覺耗到精疲力竭才肯罷休。因此，他們到處說誰對不起他，當初如何如何，現在怎樣怎樣……不停地和挫折感攪和在一起，讓自己徒作困獸之鬥。

【智慧語錄】

人在職場飄，哪能不挨刀！在現代職場打拼，身上難免沾染一些塵土和霉氣，心中多少會留下一些酸楚的記憶；你需要總結昨天的失誤，但你不能對過去了的失誤和不愉快耿耿於懷，因為傷感也好，悔恨也罷，都不能改變過去，都不能讓你更聰明和更完美。你要想成為一個快樂成功的人，最重要的一點就是學會將過去的失誤通通忘記。

盡力做些分外的工作

「想要提升自我，必須作出特別的努力、額外的付出。」

——美國人際關係學大師，卡內基

別拒絕額外的工作

在現實生活中，我們要面對紛至沓來的事情，這些事總是令我們應接不暇。但是請記住，不論事情有多少，先把當前該做的事排在第一位，分清主次並馬上去做。

留神一些額外的責任，關注一些本職工作之外的事，你會比別人更容易成功。在柯金斯擔任福特汽車公司總經理時，有一天晚上，公司裡因有十分緊急的事，要發通告信給所有的營業處，所以需要全體員工協助。不料，當柯金斯安排一個書記工作的下屬去幫忙套信封時，那個年輕的職員傲慢地說：「這不是我的工作，我不做！我到公司裡來不是做套信封工作的。」

聽了這話，柯金斯馬上就感到憤怒了，但他仍平靜地說：「既然這件事不是你分內的事，那就請你另謀高就吧！」在日常的工作當中，每個人很有可能會被安排一些不是自己分內的事情，但作為一名優秀的員工不僅要做好這些事情，而且更要學會去主動的做好一些額外的工作。

關注一些額外的責任

英籍荷蘭著名畫家阿爾瑪．塔德瑪說：「沒有艱辛就沒有成就。如果你想取得成功，除了努力工作別無他途。」如果你只是從事你報酬份內的工作，那麼你將無法爭取到人們對你的有利的評價。但是，當你從事超過你報酬價值的工作時，你的行動將會促使與你的工作有關的所有人認可你，為你贏取良好的聲譽。

要想縱橫職場取得成功，除了盡心盡力做好本職工作以外，還要多做一些份外的工作。這樣，可以讓你時刻保持鬥志，在工作中不斷地鍛煉自己，充實自己。分外的工作，會讓你擁有更多的表演舞臺，讓你適時地表現自己的才華，引起別人的注意，得到老闆的重視和認同。

美國一位年輕的鐵路郵遞員，和其他郵遞員一樣，用舊的方法發送著信件。大部分的信件都是憑這些郵遞員不太準確的記憶揀選後發送的。因此，許多信件往往會因為記憶出現差錯而無謂地耽誤幾天甚至幾個星期。於是，這位年輕的郵遞員開始尋找別的新辦法。他發明了一種把寄往某一地點去的信件統一彙集起來的方法，就是這一件看起來很簡單的事，成了他一生中意義廣為深遠的事情。他的圖表和計畫吸引了上司們的廣泛注意，很快，他獲得了升遷的機會。五年以後，他成了鐵路郵政總局的副局長，不久又被提升為局長，從此踏上了美國電話電報公司總經理的仕途。

做出一些人們意料之外的成績來，尤其留神一些額外的責任，關注一些本職工作之外的事——這就是郵遞員獲得成功的原因。

做些分外的工作

艾倫在一家五金店做事，每月的薪水是六百美元。有一天，一位顧客買了一大批貨物，有鏟子、鉗子、馬鞍、盤子、水桶、籮筐等等。這位顧客過幾天就要結婚了，提前購買一些生活和勞動用具是當地的一種習俗。貨物堆放在獨輪車上，裝了滿滿一車，騾子拉起來也有些吃力，顧客希望艾倫能幫他把這些東西送到他家去。其實送貨並非是艾倫的職責，艾倫完全是出於自願為客戶運送如此沉重的貨物。

途中車輪一不小心陷進了一個不深不淺的泥潭裡，顧客和艾倫使盡了所有的力氣，車子仍然毫無動靜。恰巧有一位心地善良的商人駕著馬車路過，幫艾倫他們把車子拉出了泥潭。

當艾倫推著空車艱難地返回商店時，天氣已經很晚了，但老闆卻並沒有因艾倫的額外工作而稱讚他。一個星期後，那位商人找到艾倫並告訴他說：「我發現你工作十分努力，熱情很高，尤其我注意到你卸貨時清點物品數目的細心和專注。因此，我願意為你提供一個月薪一千美元的職位。」艾倫接受了這份工作。

在實際工作中，我們應該多做一些分外的工作，說不定這些額外的付出就是你走向成功的開始。但遺憾的是，大部分人都覺得只要盡職盡責完成老闆分配的任務就可以了，尤其是對於那些剛剛踏入社會的年輕人來說更是如此。

如果你是一名貨運管理員，也許可以在發貨清單上發現一個與自己的職責無關的未被發現的錯誤；如果你是一個過磅員，也許可以質疑並糾正磅秤的刻度錯誤，以免公司遭受損失；如果你是一名郵差，除了保證信件能及時準確到達，也許可以做一些超出職責範圍的事情……這些工作也許是專業技術人員的職責，但是如果你做了，就等於播下了成功的種子。

在我們周圍有很多人只做自己分內的工作，並將分內分外用明確的界線劃分得很清楚，多做一點就要圖報酬，殊不知這對自己工作能力的提高是一個很大的障礙，久而久之上司就會對你失去好感。

付出多少，得到多少，這是一個眾所周知的因果法則。也許你的投入無法立刻得到相應的回報，但不要氣餒，應該一如既往地多付出一點，回報可能會在不經意間以出人意料的方式出現——晉升或者加薪。

不要事不關己

我們在工作上，有時候不僅要做好分內的事情，也要積極主動地承擔一些分外的工作，這樣一來，你就在把工作做好的同時也鍛煉了自己在其他方面的能力，從而使你更具競爭力。拿破崙・希爾曾經聘用了一位年輕的小姐當助手。她的工作是聽拿破崙・希爾口述，記錄信的內容。她的薪水和其他從事相類似工作的人大約相同。

有一天，拿破崙・希爾口述了下面這句格言，並要求她用打字機把它打下來：「記住，你唯一的限制就是你自己腦海中所設立的那個限制。」

當她把打好的紙交給拿破崙・希爾時，她說：「你的格言使我獲得了一個想法，對你、我都很有價值。」這件事並未在拿破崙・希爾腦中留下特別深刻的印象，但從那天起，拿破崙・希爾可以看得出來，這件事在她腦中留下了極為深刻的印象。她開始在用完晚餐後回到辦公室，去做一些並不是她分內而且也沒有報酬的工作。而且她開始把寫好的回信放到拿破崙・希爾的辦公桌上。

她已經研究過拿破崙・希爾的風格。因此，這些信回覆得跟拿破崙・希爾自己所能寫的完全一樣，有時甚至更好。她一直保持著這個習慣，直到拿破崙・希爾的私人秘書辭職為止。當拿破崙・希爾開始找人來補這位秘書的空缺時，他很自然地想到這位小姐。

這位年輕小姐的辦事效率非常高，為此，拿破崙・希爾已經多次提高她的薪水。此外，她還能從容地應付拿破崙．希爾交給她的一些「意外」的工作，並且完成得很好。就這樣，她使自己變得對拿破崙．希爾極有價值，使得拿破崙．希爾不能失去她這個幫手。這就是進取心。正是這位年輕的小姐的進取心，使她脫穎而出，可謂名利雙收。

拿破崙．希爾告訴我們，進取心是一種極為難得的美德，它能驅使一個人在不被吩咐應該去做什麼事之前，就能主動地去做應該做的事。有人對「進取心」作了如下的說明：「這個世界只願對一件事情贈予大獎，那就是進取心。什麼是進取心？我告訴你，那就是積極主動去做應該做的事情。

僅次於積極主動去做應該做的事情的，就是當有人告訴你怎麼做時，要立刻去做。更次等的人，只在被人從後面踢時，才會去做他應該做的事。這種人大半輩子都在辛苦工作，卻又抱怨運氣不佳。最後還有更糟的一種人，他根本不會去。這種人，他大部分時間都在失業中。

因此，只有你能夠積極主動地承擔分外工作，不要事不關己，那麼你就比別人更容易走向成功。

【智慧語錄】

大多數情況下，即使你沒有被正式告知要對某事負責，你也應該努力做好它，即使你把事情搞砸了，只要你敢於承擔責任，那麼你就是一個優秀的人，職位和報酬也會接踵而至。很多時候，分外的工作對於員工來說是一種考驗，能夠把它做好，也是能力的體現。

管理自己的時間且督促同事

「時間是衡量事業的標準。」

——英國哲學家，培根

把握工作完整性

在現實工作當中，由於某些工作有很多中間環節，會涉及多個部門或是職位，所以增加了協調的難度。假如你是這些工作的組織者，當你把自己的工作做完後，你會怎麼辦？

在組織某項工作時，大多數管理人員往往只偏重於自己本身所應完成的職責，將工作傳遞到相關工作部門與工作職位之後便聽之任之了。這樣你將會發現工作總是不能按時完成。在檢查工作結果的時候，所在的中間環節又各自抱怨給予他的時間太短了，或者是某個中間環節耽誤的時間太久了等等。而工作結果只有一個，那就是你沒有按品質要求完成工作，你的業績等級被打了折扣。

所以作為一名優秀的員工，你要把握工作的完整性。在給每個部門，每個中間環節規定完成工作的時間期限時，要經常關注他們工作完成的品質與進度，以免其中的某個或是某些環節影響整體工作進度。所以，作為一名組織者，你的職責不僅僅是將檔傳遞出去，更重要的是敦促你的中間環節處理者按你的要求及時完成分管職責。

辦公室裡最怕有混水摸魚的人，但也總會有混水摸魚的人。很多人因為同事混水摸魚，不但工作加重，還被老闆錯怪。雖然心裡老大不高興，但畢竟還要和同事天天相處，他們或許悶頭做事，敢怒不敢言，或者也和同事們一起混水摸魚。

這種情況特別容易發生在比較年輕的員工身上，因為他們通常不會找出變通的方法來處理這樣的情況，所以很容易就受混水摸魚的老同事欺負。雖然每個人做事都有自己的範圍，但是你不能總是空等，等著別人把事情做完再交給你。如果你身為下屬，卻不敢向上司催討，就表示你沒有責任感，到頭來，工作沒有完成，老闆還是會責怪你。

其實人都有一種慣性，如果你一直提醒他，他就會把你的事情放在第一位；如果你不提醒他，他就會先處理那個一直去煩他的人的事情。雖然催促會讓他覺得很煩，可是在不斷的提醒下，他就可以幫你如期做完。

做事不要拖拉

很多人在工作之中都有一個壞習慣：拖。

今天的工作拖到明天完成，現在該打的電話等到一兩個小時以後才打，這個月該完成的報表拖到下個月，這個季度該達到的進度要等到下一個季度……這種凡事都留待明天處理的態度使你很快就變成了一個人見人嫌的「拖拉族」。

「拖拉族」的表現形式有很多：瑣事纏身，無法將精力集中到工作上，只有被上司逼著才向前走，不願意自己主動開拓；反覆修改計畫，有著極端的完美主義傾向，該實施的行動被無休止的「完善」所拖延；雖然下定決心立即行動，但就是找不到行動的方向；做事情總是磨磨蹭蹭，有著一種病態的悠閒，以至問題久拖不決；情緒低落，對任何工作都沒有興趣，也沒有什麼人生的憧憬……無論是那一種表現，最終的結果都是一個：無法將工作做到徹底。

其實，只要我們仔細觀察一下影視圈中的很多名人，他們之所以能取得輝煌的成績，除了他們的不懈的努力之外，還應該歸功於他們「不拖拉」的好習慣。在工作當中要想有效的敦促管理者，首先要自己做事情不要拖沓。

那麼在日常工作中，我們該如何做才不會出現拖拉的情況呢？

1.在心理上不要懈怠和放鬆

如果你對某項工作不夠重視，或者心生懈怠、放鬆的情緒，那麼你很可能陷入到拖拉的陷阱之中。比如，你覺得這份工作並不是很重要，今天做可以，明天做也可以，按照人們的惰性心理，你肯定不會想著今天去做完，而是會拖到明天、甚至是後天。因此，要想改變拖拉的習慣，首先在心理上不要產生懈怠和放鬆的情緒，繃緊自己的神經，只要能在今天完成的工作，絕對不拖到明天。

2.提高自己的興趣

在職場之上，很多人之所以會產生拖拉的現象，是因為他們對現在的工作不感興趣，不想也不願意去做，甚至他們根本就不喜歡這份工作。這種「排斥心理」使得他們產生了「能拖一天是一天」的心理。其實我們在日常工作中也有相似的經驗，如果這份工作是自己喜歡做的，我們會很快完成，並且還會完成得比較好，但是如果這份工作或者專案不是你喜歡的，你可能會一直想：如果不能不去做多好。那麼一旦有了「可以不做」的契機，那麼你就會產生拖拉現象。

3.給自己明確的截止時間

如果一項工作沒有明確的截止時間，那麼毫無疑問，我們會無限制地拖拉下去。這是由人的惰性所決定的。相反，如果有了截止時間，一般情況下我們都會在截止時間之內完成。這就給了我們一個啟發：要想改變拖拉的習慣，不妨給自己設定一些截止時間，通過這些「臨界時間點」給自己一些緊迫感，從而改變拖拉的習慣。

適當地催促同事

當彼德還是員工的時侯，他通常比較少去抱怨混水摸魚的同事，而是要求自己，該給別人的一定要給出去，別人該給他的，他一定會軟硬兼施，設法讓別人如期交出來。

避免同事拖延的最好方法是及早訂出自己的行事日程，每天早上一到公司，就要做追蹤的工作，可能得花一個小時打好幾個電話，在完成期限的幾天前，就要提醒別人「你的東西記得要給我」。如此一來，就算是之前他忘記了，也還有好幾天可以補救，等期限一到，他就沒藉口拖延了。

而且，千萬不要等到最後期限才去逼人，因為那時不但已經於事無補，還可能會激怒對方，而且對方急著做出來的東西，品質也不會好。如果同事偶爾遲交一兩天，可以開玩笑地跟他說：「下次你要再這樣，我就不管你了喔！」如果對方很誠心地道歉、補救，加上情況允許的話，自己加個班，把工作做完，雖然難免心裡會不舒服，不如想成是幫同事一個忙，對方可能也會很感激你。

但要是根本不警告對方，對方可能就覺得進度拖延沒什麼關係，或者習慣叫你幫他收拾殘局，你最後可能就落得天天加班。同事之間應該是相互的，幫忙與否的分界，主要還是要看對方的態度。假如偷懶的同事態度很惡劣，覺得別人為他加班理所當然，那你不要遲疑，請帶他一起去找老闆談。

有些人遇到同事拖延工作時，會拒絕合作，達到反制同事的目的。可是，從事情的本質來看，老闆一定是希望交代的工作能如期完成，所以你要先考慮：如果你拒絕和你合作的員工，會不會對你的老闆造成任何困擾？

因此，最好不要採取這種消極的抵抗。因為你跟同事之間馬上就會鬧僵，你不做了，老闆第一個動作就會直接找責任人來罵，然後還要花點時間安撫你，沒有老闆喜歡花時間做這些事。而且，每個人一定難免出錯，不要事事都向老闆告狀，要是你每次都跟老闆報告，那就保佑你自己每次都不要出錯吧！

【智慧語錄】

在公司裡，每一個人都會各司其職，然而許多的工作都需要好幾個部分來協調合作。作為一個優秀的員工，只要合理的協調好各個部分之間的關係，合理的規劃的工作的每項進度，才能順利而又完滿的完成任務。

「管理」自己的上司

為別人盡最大的力量，最後就是為自己盡最大的力量。

——英國社會改革家，羅斯金

讓上司充分發揮其長處

在我們工作當中，由於各自的情況不同，我們遇到的主管也不盡相同，有的人碰到厚待屬下、讓屬下做起事來輕鬆愉快的主管。而有的人碰到的是魔鬼型的主管，比軍隊中的教官還嚴厲。到一個公司上班，你無法選擇自己的主管。不過如果你碰上了魔鬼型的主管，建議你不要害怕，要以積極的態度去接受他的訓練。

大家都明白，老闆管理下屬是天經地義的事情，但是根據杜拉克的觀點，你還要學會管理好自己的工作，學會管理好自己的老闆。

跟一般想法相反的是，部屬通常不會被擢升到比無能上司更高的職務。如果上司不受提拔，部屬的升遷也會停滯不前。如果上司因為不勝任或失職而離開，接任者很少是他下面的人，而是外來的空降部隊，還帶著自己年輕能幹的子弟兵。相反地，如果主管成功而且升遷快速，必然帶動部屬獲得成功。所以只有讓上司發揮所長，讓上司得到晉升，作為部屬的你才能獲得晉升。

讓上司發揮所長並不是靠奉承。我們還是要先找出什麼是對的，再以上司能接受的方式告訴他。優秀員工承認，上司也是人，所以他有優點，也有他的局限。運用上司的優點，也就是說讓上司做他能做的事，就能讓他發揮效益，也能讓部屬發揮效益。

運用上司的缺點就像運用部屬的缺點一樣，將導致挫敗並顯得荒謬可笑。因此，優秀人士會問：「我的老闆能把什麼事做得很好？」、「他已經把什麼事情做得很好？」、「他要發揮所長，需要知道什麼？」、「他需要從我這裡得到什麼，才能有所表現？」總之，他們不會擔心老闆不能做什麼。

優秀員工也知道，老闆有自己發揮成效的一套方式，因而他會設法找出來。這套方式可能只是一些態度和習慣，但卻是事實。所以為了讓上司發揮所長，部屬在行事上需要做一些修正。這種修正並不影響事情的實質內容，而只改變呈現的方式。

舉例來說，部屬在向主管報告時，可以根據主管的習慣，決定是採用圖表形式還是文字形式。在報告內容時，如果主管的優點在於他的行銷能力，那麼在向他報告某項以行銷能力為關鍵的任務時，就該優先提到其中的行銷層面。這樣，主管比較容易掌握問題的情況，也更能為新政策有效地發揮自己的長處。

我們都是瞭解別人的「專家」，因為旁觀者清，所以我們能把別人看得比他們自己更清楚。因此，要讓上司發揮效能其實很簡單。不過我們必須專注於上司的長處上，以及他們能做的事情上。同時我們也必須運用他們的長處，讓缺點變得無關緊要。能使知識工作者發揮效能的方法之中，運用上司的長處應該是其中最好的一種。

不要畏懼上司的嚴厲

有一個李姓記者，在圈內很有名氣，因為他的新聞寫得好，新聞分析、人物採訪都很有分量。

每當談到他的成功，他都會說他很感謝十年前在一家雜誌社的磨煉。那家雜誌社有一位權威、潑辣、嚴格，但也才華橫溢的女總編輯，對手下的採訪編輯要求之嚴無人能忍受。採訪編輯寫出來的稿子常被她改得面目全非，脾氣來了還會罵人「不用心、不長進」。很多剛從學校畢業的女孩子都被她罵跑了；自認為有「兩下子」，還能寫一些稿子的男孩子也都受不了那種「羞辱」而紛紛走光，剩下的都是一些沒好的地方去的人；至於那位李姓記者，是認為這總編輯的確有兩把刷子，他立志要向她學習而沒有離開。

那雜誌社總共存活了四年，採訪編輯來來去去，大概有幾十位之多，只有他一直不死心。後來他當了主編，又寫又編，對那總編輯的作風倒也習慣了。雜誌停刊之後，總編輯替他介紹了一份報社的工作，結果他的文章和採訪能力很快就受到注意，沒多久就成為報社裡舉足輕重的「紅人」。

一般人碰上了這種令人受不了的主管都會自認倒楣，有的甚至乾脆辭職，有的則每天戰戰兢兢地活在痛苦當中。其實大可不必如此，碰上這種主管，你應該積極、樂觀、勇敢地和他配合，接受他的磨煉，因為：

1. 論做事

要把他的嚴格要求看成是可以促使你提早深入情況，提早成熟，提早獲得經驗，並且培養實事求是一絲不苟的做事態度必不可少的鍛煉。在這種「鍛煉」之下，你的潛能將會被「無情」地激發出來，當別人還在摸索的時候，你早已「出師」，遠遠地跑在他們前面了。比別人早一步，這便是成功的條件。

2. 論心志

他的嚴格要求，會暫時消滅你高文憑、高學歷的自貧清高的「自我」，但會讓你重新塑造一個踏實肯幹的「自我」，這個過程會很痛苦，能忍得了這種痛苦對你的未來絕對有好處，因為這種消滅「自我」的苦都吃了，還有什麼吃不了的苦呢？「天將降大任於斯人也，必先苦其心志……」說的正是這個道理，何況你還年輕，被這種嚴厲的主管「折磨」也沒什麼好難為情的。

因此，碰上魔鬼型的主管真是你上輩子修來的福氣，這種主管只要做事有一套，再壞的脾氣也值得承受，而且你被他罵不走，說不定他還會受感動而傾囊相授呢，你能學到好功夫，一輩子自然受用無窮。

人都有好逸惡勞的天性，因此都喜歡和不會給壓力的主管一起工作，但這對你一點好處也沒有，因為你學不到東西，薪水是領了，但光陰也虛度了，等年近不惑才發現自己竟然沒半點功夫，但已來不及補救了。當然，沒碰上嚴厲主管的人也不是就一輩子沒什麼成就，如果你碰上了嚴厲的主管，千萬不要因害怕而逃避，因為這正是你千載難逢的機會。

小心地指出老闆的錯誤

在一個文明的社會裡，在一個文化素質較高的氛圍裡，人們之間互相指出對方的過錯，應如同互相稱讚成績一樣，令人感到欣慰才是。因為對於一個人來說，稱讚成績固然有利於鼓舞人心，增加勇氣，但指出過錯，卻會使人更加清醒，更為冷靜。但是，在實際工作中我們多是做自我批評容易，指出他人的過錯難。更不要說去指出主管、決策者和老闆們的過錯了。

事實證明，讚揚一個人的成績，即便是讚揚得有些過頭，儘管有吹捧之嫌，也絕不會招致報復。但指出一個人的過錯，不要說指責得過分，只要稍有暗示或剛剛觸及過錯的外表現象，就有可能招致不滿，甚至遭到報復。

老闆對企業的經營管理，往往負有重大的責任。老闆明智、聰明，經營方略正確，使企業發展、員工受益。反之，老闆昏聵，經營失當，則會使企業受虧、員工受損，這是不言自明的。因此，作為一名與企業同舟共濟的員工和對老闆忠心耿耿、高度負責的下屬，一旦發現老闆在工作中出現過錯，不應該採取明哲保身的態度，視而不見，任由老闆繼續錯下去，而必須拿出勇氣給予指出。

只要你確實有眼光，看出了老闆工作的過錯並以恰當的方式給老闆一個提醒，一旦老闆明白之後，他就會對你產生感激之情，因為你幫他避免或挽回了過失。相對於那些比較明智的老闆而言，敢於指出其工作過錯的下屬，並不一定會遭到打擊報復，相反，則極有可能受到老闆的器重，雖然目前多數老闆還不具備偉人們所擁有的寬廣胸懷和善於「納諫」的情操。因此，在向老闆「進諫」時，還是應該注意一些細節。

首先，你必須注意，不要在老闆的助手面前談及老闆的過錯。比如，不要在廠長助理、公司副經理及公關部主任之類人員面前，談及老闆的過錯，以防被添枝加葉傳到老闆耳中，對你造成不利的影響。

其次，要想指出老闆的過錯，最好的方式是單獨和老闆自己一個人面對面的談。而交談的地點當然不宜選在公開場合，因為，在沒有他人在場的條件下，雙方往往能夠心平氣和地交換看法。老闆接受了你的意見，而又不失面子，他在心理上是比較平衡的！最後要注意的一點是，一旦老闆接受了你的見解，改進了工作，你決不要對任何人提起這是由於你的建議或指正的結果。

表面上看，讚揚與糾正錯誤是一對不可調和的矛盾，而糾正錯誤往往又造成新的矛盾，對此，很多人常常感到十分棘手。但是也有不少人處理得比較巧妙，從而得到了良好的效果。關鍵不在於敢不敢指出失誤和過錯，而在於從細節處人手，找到高明的方法。指出別人的過錯，往往會得罪於他人，更不要說是指出老闆的過錯了。主管或上司，大多由於權力的侵蝕，常常會變得自負和自以為是。真正能夠以虛心的態度進行反省，並做到自知之明者是不多的。

因此，需要告誡你的是，在尚未判明老闆是不是一個虛心的有自知之明的人之前，你即便是發現了老闆的一些過錯和不足，也還是應該少說為佳、謹慎行事。讓老闆自己教育自己吧。

【智慧語錄】

實則每個人都有自己的知識盲點缺犯錯誤、出洋相難以避免。作為下屬，能夠在老闆尷尬的時候及時為老闆解圍，給老闆一個臺階下，巧妙地讓老闆從尷尬中走出來，是一種非常聰明的做法。

做個會跑位的射手

大多數人錯失機會，因為機會穿著工作褲，看似需要費很大功夫的工作。

——美國發明家，愛迪生

先種下成功的種子

看足球比賽的人都知道，那些優秀的射手都是善於捕捉時機的人，他們能夠把握住最恰當的時間，出現在球隊最需要的位置上，然後射出漂亮的一球。他們並不是死守在自己的位置上等待機會到來，而是能夠積極跑位去捕捉機會。其實，在職場中也一樣，那些能夠出色完成任務，贏得老闆青睞的人也是善於跑位，能夠主動填補工作空缺的人。

好射手是會跑位的人。其實，一切「頂尖高手」和成功人士都是很擅長把握時機的。當你精熟了某一項工作，別陶醉於一時的成就，趕快想一想未來，想一想現在所做的事有沒有改進的餘地？這些都能使你在未來取得更長足的進步。儘管有些問題屬於老闆考慮的範疇，但是如果你考慮了，說明你正朝老闆的位置邁進。

以老闆的心態對待公司，為公司節省花費，公司也會按比例給你報酬。獎勵可能不是今天、下星期甚至明年就會兌現，但它一定會來，只不過表現的方式不同而已。當你養成習慣，將公司的資產視為自己的資產一樣愛護，你的老闆和同事都會看在眼裡。有一條永遠不變的真理：當你像老闆一樣思考時，你就成為一名老闆。

做好每一份工作

譚瑩靜是一家公司的普通職員，平時的工作只是收發、傳送文件。當公司出現一些無人料理的事情時，別的同事都為能少做就少做而推來推去，而譚瑩靜就像一顆螺絲釘一樣趕快補上，沒多久一份工作就漂亮地完成了。從此，「瑩靜，妳見一下那個客戶」「瑩靜，妳去做那件事情」這樣的指派越來越多。

譚瑩靜從未覺得自己是個被人指使的「小跑腿」。雖然雜事很多，但是得到鍛煉的機會也多，比如叫她去接觸傳媒，聯繫公司的廣告業務，參與廣告文案的寫作，選擇適合的傳播管道等，這都給了她一個充電和學習的機會。

一直在暗中觀察員工表現的主管暗暗觀察到了這個情況。從此譚瑩靜的工作更忙了，但是忙的卻是一些更重要的事情。比如公司的一些重要客戶，一些談判的場合，主管都會帶上譚瑩靜一起去。終於有一天公司要準備上市了，需要把公司徹底包裝成一家公眾公司，擬一份招股說明書，集團董事會希望譚瑩靜能做好準備，協助管理層完成公司歷史上質的飛躍。

譚瑩靜不負眾望，漂亮地完成了自己的工作任務，理所當然地成為那家上市公司董事會的秘書。後來，她又躍升至公司管理層高級管理人員，並且成為資本運營方面獨當一面的菁英。

每個公司都會出現一些無人負責的事情，這時就需要員工有一種補位意識，多負責一些事情，負責的事情越多，你的作用越重要，掌握的人脈資源和工作資源也就越多，情形對自己就越有利。

另外，要把握住責任中的機遇。我們不能被動等待上司指示任務，而是應該積極思考，發現工作中的漏洞，想他人所未想，這樣你才能隨時應對可能出現的問題，為自己的成長贏得機遇。當今的市場競爭十分激烈，企業即使分工十分明確，也可能會有一些出乎意料之外的情況發生，出現一些無人負責的工作。以什麼樣的態度對待這些工作，可以判斷出員工的主人翁精神和責任感如何。有的員工認為這些事和自己的職責無關，即使是一件隨手可以做好的小事也不屑為之。而有的員工則能夠把這些事看作是鍛煉自己的機會，主動去做，並且能夠腳踏實地做好。最終，前者仍然平庸，而後者卻早已贏得成功的機會，成為公司的業務和核心。

做好充分的準備

美國微軟公司前副總裁李開復曾經任職於蘋果電腦公司。一次，他和公司CEO史考利受到美國當時最紅的晨間節目《早安美國》的邀請，在節目中演示他們發明的語音辨識系統。這對於公司的產品宣傳來說，是一個很好的機會。但是，如果一旦在演示的時候失敗，對於企業的聲譽也將是一個不小的打擊。史考利和李開復的心裡都有一點緊張。所以上節目前，史考利問李開復對於演示成功能有多大把握。李開復回答有百分之九十。史考利想了想，問能不能把這個可能性提高到百分之九十九，李開復回答可以。

節目如期進行了，一切都很順利。這次成功演示使公司的股票價格上漲了兩萬美元。史考利真誠地對李開復表示感謝，然後問他在這樣短的時間裡取得成功，是不是沒有休息一直在改程式。李開復回答說，其實系統和昨天沒有任何差別。史考利吃驚地問，你該不是冒著這樣大的風險上的節目吧？李開復坦然回答，成功率是百分之九十九。因為他帶了兩台電腦，並把它們連在了一起。如果一台出了問題，他們馬上可以切換到另一台上。這樣一台電腦失敗的可能性是百分之十，兩台電腦連在一起失敗的可能性就是百分之十乘以百分之十，也就是只有百分之一，所以成功率就是百分之九十九。

在我們的工作中，任何一項工作都可能有意外情況發生，這時候，積極負責的員工就要有想他人所未想的精神，隨時有補位的意識。一個能夠隨時對工作中可能出現的問題負責的員工，一定會成為老闆最需要的員工。這樣的員工也就是給自己的成功架設更多梯子的人，他們自然比別的員工有更多的提升機會。

不斷學習充實自己

有人曾說過，一個人應該永遠同時從事兩件工作：一件是目前所從事的工作；另一件則是真正想做的工作。如果你能將該做的工作做得和想做的工作一樣認真，那麼你一定會成功，因為你在為未來做準備，你正在學習一些足以超越目前職位，甚至成為老闆或老闆的老闆的技巧。當時機成熟，你已準備就緒了。

在很多職業仲介機構的名冊裡，登記著無數受過教育的失業者的名字，其中的大部分人都是因為自己沒有進一步發展的能力被人超越，最後丟失了原有的工作。每個人既有的知識和技能很容易過時，因此要「不斷自我更新」才能避免工作上的危機。

工作每天都有新情況、新挑戰，每天都要面對新事物，學習與工作相伴，工作就是學習。能夠適應工作，實現自我而不被淘汰，靠的所實力，而實力來源於自身。雖然說現代社會的機會很多，但要是不學習的話，必然會落後於社會。只要天天學習，就會天天有進步，天天有機會，工作才會富有生機。

美國總統威爾遜曾經說過：「學習是終身的事業。」殼牌石油公司企劃總監德格說：「唯一持久的競爭優勢，或許是具備比你的競爭對手學習得更快的能力。」任何一個員工都有必要培養和提高自己的學習技能，學習業務知識，不斷拓寬知識面，從多方面豐富、提高自己，成為學習型的員工。

【智慧語錄】

知識、經驗和工作技巧對於一個人的成長更加重要。聰明的員工會掌握每個學習機會、發展既能以及尋求挑戰。與其依賴公司，活在全憑運氣的局勢下，不如想辦法照顧自己。

跳槽需要核算成本

誰不能主宰自己，誰就永遠是一個奴隸。想左右天下的人，須先左右自己。

——古希臘哲學家，蘇格拉底

定好航線，不原地踏步

職場中，我們很容易發現這樣一種現象：有的人頻繁地換工作，總希冀著找到一份自己滿意的工作，卻往往事與願違。工作三天了，根本沒有達到自己預想的目標，選錯工作了，我跳；在這個單位三個月了，卻沒有升遷，老闆對我不公平，我跳；一年沒有加薪了，這個行業沒前景，我跳……職場中的跳蚤一族就這樣忙碌著，然而，在這種奔波中，卻非常容易喪失工作的能力。

人才的合理流動可以無限地激發人的創造力，同時也可以使社會資源得到更合理的配置。但是，面對這樣一群稚氣未脫的「頻繁跳槽者」，必定是存在著某些必須要進行修正的因素。

知識、財富需要累積，人生的體驗也需要累積，而累積總是需要一定的時間才能完成。在毛毛蟲要蛻變成為蝴蝶之前，必須經過一段漫長的化蛹期；而一個職場新人要轉變為專業人士，勢必要經過一段磨練期，此時的你要學會忍耐辛苦，等待時機，同時磨練你的處世能力。如此，你才能儲蓄騰飛時所需要的所有能力。

我國每年有數十萬大學生畢業進入職場，但在這數十萬人當中，絕大部分的人將碌碌無為一輩子，只有極少的人會到達自己理想的彼岸。這是為什麼？

從某種程度上來講，現代職場比大海有更多的暗礁和漩渦，更容易使人迷失方向。如果你不知道自己到底想要什麼和自己能做什麼，總覺得自己眼前只是沙漠，你需要去尋找新的綠洲，那麼，對於你來說，在沙漠的另一邊可能還是沙漠。

也許，你現在的這個公司，的確與當初想像的不一樣，但是，當初決定到這家公司來上班，畢竟是你自己的選擇，吃後悔藥是沒有用的。如果你在心裡老是這麼想：「哎呀，當初我就不該來這個公司！」或者「其實，我真正想去的是某某公司」，那麼，你對不起自己，同時也對不起你現在的這家公司。由於屈從於就業壓力，沒有找到理想的工作，如果心裡老是拘泥於過去，除了影響你現在的工作和生活，其餘沒有任何好處。

從現在起，你應該好好問問自己：「我到底喜歡什麼樣的工作？我到底能做好什麼工作？」划船出海，首先要定好航線，避開暗礁和漩渦，這樣，實現自己理想的可能性就大多了。

當然，對於職場新人來說，工作並不一定要從一而終，每個人對自己喜歡和擅長的工作都有一個認識的過程，所以，也應該有個選擇的過程，但是，在沒有做好自己的職業規劃之前，你跳槽就相當於老是中途返航，一遍遍地修改自己的目的地和航線，這樣，你浪費了許多寶貴的時間和精力。而這寶貴的時間失去了的話，你就永遠找不回來了。你頻繁跳槽，在不知不覺中養成了這麼一種習慣，你的心態就變得越來越浮躁。兩三年過去之後，你回頭一看，自己實際上還是在原地踏步。

切忌反覆盲目跳槽

對許多就業者來說，在一個企業工作一年以上，才可說是對企業有了一點瞭解，這時候跳槽，對個人來說，是一種時間和精力的浪費，也是對企業的不負責任。

就企業來說，人才的頻繁流動，極可能造成企業文化的斷層和企業發展戰略的斷層。人才可以隨時進來，可是人才進來都得有一段適應企業文化的過程，剛熟悉就走，對於公司本身的長期發展，也是一個傷害。此外，某些企業實行項目經理制，一個員工可能在一個專案中承擔著不可或缺的角色，如果進行到一半就走人，很可能會使整個專案半途而廢，給企業、社會造成較大的損失。

太過頻繁的跳槽也容易使人缺乏對事業的成就感，即使你真是個人才，不免會因此給人做事馬虎、不負責任等一些不利於其敬業精神的印象。這些影響人才個人形象的因素，也會造成許多管理者不願意把機會提供給那些經常跳槽的人。

盲目跳槽可能惹來情緒障礙。一個二十幾歲的年輕人走進心理門診，他告訴心理醫生，由於自己一直渴望得到更好的工作，便頻頻跳槽，現在已經換了三家公司，但仍對目前的工作不滿意，想繼續換工作。類似這位年輕人的例子其實不少。現實生活中，明明工作合適，甚至讓人非常羨慕，卻偏偏拚命跳槽的大有人在，這些人往往是心理上出了偏差。

盲目跳槽使人越來越孤僻，不愛與人交往。跳過槽的人在不知不覺中養成一種習慣：工作中遇到困難就想跳槽；人際關係緊張也想跳槽；看見好工作想跳槽；有時甚至莫名其妙就是想跳槽，總覺得下一個工作才是最好的，似乎一切問題都可以用跳槽來解決。慢慢地，這些人不再勇敢地面對現實，去積極主動地克服困難，而是在一些冠冕堂皇的理由下迴避、退縮，這些理由無非就是專業領域不對、上司不重視、命運不濟、懷才不遇、別人不理解……

跳槽太過頻繁還容易使人喪失成就事業最寶貴的敬業與團隊精神，使人心理浮躁、凡事淺嘗輒止、遇難而退。因此，在這裡要奉勸想跳槽的你，仔細思考一下跳槽的原因，是否純屬個人不穩定的因素，不要空有遠大理想卻無心執著追求，好像換一個工作就能馬上擁有成功一樣，結果落得一事無成。

跳槽雖然有著這麼多的危害性，但跳槽若能使你升遷確實是美事一樁，但關鍵是

「升遷」而非「跳槽」。跳槽升遷，常常是「獵頭公司」上門溝通的結果，如果是自己急於出走或盲目跳槽，想達到升遷目的反而比較困難。俗話說「找上門去的不值錢」，就是這個道理。「信用資產」是在闖蕩職場中十分重要的。對於那些經常炒公司魷魚的應徵者，「信用資產」必然不高，招聘公司往往對這種人心存芥蒂，擔心他們到公司後也不會有太大的忠誠度。招聘單位的主管多數是用人不疑，疑人不用。一旦他對你有疑心，你就很難有出頭的機會。這是每一個跳槽者都得面臨的現實問題。

如果跳槽後的單位比現在的單位好，那當然最好，但如果費了好大一番折騰後，發現跳進的公司並不比原來公司好多少，那種難受的滋味可能只有自己往肚裡吞了。因此，聰明的你應該為自己做出聰明的職業規劃，以免受錯誤資訊的誤導，影響自己的前程。只要你是人才，無論在哪裡工作，早晚都會冒出頭來。只要你專心在職位上踏實工作，表現出優秀的成績，前途自然不可限量，即使不受雇主重用，自然會有同業「伯樂」來發掘你的特長。仔細觀察一下，也許你的主管現在已經在考慮提拔你，要是你突然提出要辭職，豈不是前功盡棄？

「滾石不生苔」，如果我們把這些苔比喻為工作資本的培養，那麼，跳槽太過頻繁的人，往往得不償失。因為工作能力的培養，都要經過一段時間才能真正掌握，如果經常跳槽轉行，往往容易成為「萬能藥膏」，即什麼都能治，但什麼都不精通、不專業。這樣的人還有什麼競爭力可言呢？

將本職的工作做得更好

如果你通過深思熟慮，確實認為現在這份工作對你不合適，最現實的辦法是，在接受現實的前提下，慢慢地向自己的目標靠攏，而不是馬上跳槽，更不是怨天尤人，自暴自棄。這個世界是多面的，很多東西也是相互關聯的，你完全可以融會貫通。有些人跳槽後薪資高了，但由於過去的資源的利用率低，又要從零開始尋找機會，沒有積累，也沒有進步，這樣，你越來越像個出賣體力的挑夫。對於職場新人來說，薪資高低是一個方面，更重要是看學習的機會和成長的空間。

你可能會覺得，只要你有真本事，走到哪裡老闆都會用你，甚至還會給你加薪水，但如果老闆知道你不忠誠於企業，你的本事不會真正屬於企業，企業也不會對你忠誠，不會真正重用你，不會給你機會，一些比較核心的工作也不會交給你去做，在培訓和福利方面也總把你排在後面。你將永遠是個打工仔。作為職場新人，你一開始就要注意把自己的職業生涯當作一個品牌去經營，不要輕易讓它受到損傷，這比金錢上的損失更難以挽回。只有當你擁有了個人品牌，你才能在職場中成為「不倒翁」。個人的品牌是與個人的「身價」緊密聯繫在一起的，個人品牌知名度越高，給企業帶來的利益就會越大，個人的身價自然也就水漲船高。

有些人之所以想跳槽，是因為他們總覺得老闆將自己隨便安排一個職位，是在浪費人才。其實，公司作為一個追求盈利的組織，在調配最重要的人力資源的時候，一般不會張冠李戴，亂點鴛鴦譜，讓你去做你不擅長或不適合的事。既然公司把你聘請進來了，就說明你是個人才，他們對分配給你的工作也寄予了希望。所以，如果他們分配給你的工作與你當初想像的不一樣，這也許是他們發現了你自己原來沒有意識到的特長。如果你抱著學習的態度，向周圍的同事學習，珍惜自己擁有的一切，在自己的工作職位上精耕細作，對你來說，這也許是個新的機會。

【智慧語錄】

跳槽是有成本的，它包含時間上的和金錢上的，有形的和無形的。跳槽並不見得是件壞事，但在你沒有仔細核算好跳槽的成本之前，最好不要跳槽，一切都最好要有規劃的進行。

骨牌效應：成功與失敗的距離0.01mm

作　　者　黃瑞德

發 行 人　林敬彬
主　　編　楊安瑜
責任編輯　陳亮均
助理編輯　黃亭維
內頁編排　于長煦
封面設計　洪偉傑

出　　版　大都會文化事業有限公司　行政院新聞局北市業字第89號
發　　行　大都會文化事業有限公司
11051台北市信義區基隆路一段432號4樓之9
讀者服務專線：(02)27235216
讀者服務傳真：(02)27235220
電子郵件信箱：metro@ms21.hinet.net
網　　　址：www.metrobook.com.tw

郵政劃撥　14050529 大都會文化事業有限公司
出版日期　2013年2月初版一刷
定　　價　280元
ISBN　978-986-6152-66-5
書　　號　Success-062

First published in Taiwan in 2013 by Metropolitan Culture Enterprise Co., Ltd.
4F-9, Double Hero Bldg., 432, Keelung Rd., Sec. 1, Taipei 11051, Taiwan
Tel:+886-2-2723-5216　Fax:+886-2-2723-5220
E-mail: metro@ms21.hinet.net
Web-site: www.metrobook.com.tw

國家圖書館出版品預行編目資料

骨牌效應 /黃瑞德著. -- 初版. -- 臺北市；
大都會文化, 2013. 02
288 面；14.8×21 公分. -- (Success-62)

ISBN 978-986-6152-66-5（平裝）

1.職場成功法

494.35　　102000424

大都會文化　讀者服務卡

書名：**骨牌效應：成功與失敗的距離0.01mm**

謝謝您選擇了這本書！期待您的支持與建議，讓我們能有更多聯繫與互動的機會。

A. 您在何時購得本書：______年______月______日

B. 您在何處購得本書：____________書店，位於____________(市、縣)

C. 您從哪裡得知本書的消息：

1.□書店　2.□報章雜誌　3.□電台活動　4.□網路資訊

5.□書籤宣傳品等　6.□親友介紹　7.□書評　8.□其他

D. 您購買本書的動機：（可複選）

1.□對主題或內容感興趣　2.□工作需要　3.□生活需要

4.□自我進修　5.□內容為流行熱門話題　6.□其他

E. 您最喜歡本書的：（可複選）

1.□內容題材　2.□字體大小　3.□翻譯文筆　4.□封面　5.□編排方式　6.□其他

F. 您認為本書的封面：1.□非常出色　2.□普通　3.□毫不起眼　4.□其他

G. 您認為本書的編排：1.□非常出色　2.□普通　3.□毫不起眼　4.□其他

H. 您通常以哪些方式購書：(可複選)

1.□逛書店　2.□書展　3.□劃撥郵購　4.□團體訂購　5.□網路購書　6.□其他

I. 您希望我們出版哪類書籍：（可複選）

1.□旅遊　2.□流行文化　3.□生活休閒　4.□美容保養　5.□散文小品

6.□科學新知　7.□藝術音樂　8.□致富理財　9.□工商企管　10.□科幻推理

11.□史地類　12.□勵志傳記　13.□電影小說　14.□語言學習（_____語）

15.□幽默諧趣　16.□其他

J. 您對本書(系)的建議：

____

K. 您對本出版社的建議：

____

讀者小檔案

姓名：______________ 性別：□男　□女　生日：____年____月____日

年齡：□20歲以下 □21～30歲 □31～40歲 □41～50歲 □51歲以上

職業：1.□學生 2.□軍公教 3.□大眾傳播 4.□服務業 5.□金融業 6.□製造業

7.□資訊業 8.□自由業 9.□家管 10.□退休 11.□其他

學歷：□國小或以下 □國中 □高中／高職 □大學／大專 □研究所以上

通訊地址：______________________________

電話：（H）______________（O）______________ 傳真：______________

行動電話：______________E-Mail：______________

◎謝謝您購買本書，也歡迎您加入我們的會員，請上大都會文化網站 www.metrobook.com.tw 登錄您的資料。您將不定期收到最新圖書優惠資訊和電子報。

骨牌效應

北區郵政管理局
登記證北台字第9125號
免貼郵票

大都會文化事業有限公司
讀者服務部　收

11051台北市基隆路一段432號4樓之9

寄回這張服務卡〔免貼郵票〕
您可以：
◎不定期收到最新出版訊息
◎參加各項回饋優惠活動

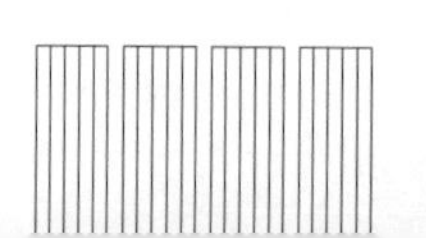